米思齐智慧物联编程指南

裘炯涛 ◆ 著

人民邮电出版社
北京

图书在版编目（CIP）数据

米思齐智慧物联编程指南 / 裘炯涛著. -- 北京 : 人民邮电出版社, 2024. -- ISBN 978-7-115-65089-4

Ⅰ. TP393.4-62; TP18-62

中国国家版本馆 CIP 数据核字第 20249SC242 号

内 容 提 要

本书是专门为中小学生设计的编程读本，通过生活情境导入项目，将编程知识、科学原理、传感技术、智慧物联等多种知识融入项目之中。全书分为 5 个单元，包括玩转点阵屏、绚丽七彩灯、探秘加速度传感器、初识物联网和物联网进阶，每个单元围绕不同的主题，通过丰富的项目实践，激发读者对编程和物联网的兴趣，培养读者解决实际问题的能力，逐步提升读者的创新思维。本书中的案例都采用国产开源硬件来实现，并采用单板集成化设计，降低使用成本，提高维护、教学的便捷性。

本书适合中小学信息科技教师和对信息科技、物联网、创意编程等方面感兴趣的中小学生阅读。

◆ 著　　　　裘炯涛
　责任编辑　哈　爽
　责任印制　马振武
◆ 人民邮电出版社出版发行　　北京市丰台区成寿寺路 11 号
　邮编　100164　　电子邮件　315@ptpress.com.cn
　网址　https://www.ptpress.com.cn
　北京盛通印刷股份有限公司印刷
◆ 开本：787×1092　1/16
　印张：9.75　　　　2024 年 11 月第 1 版
　字数：135 千字　　2024 年 11 月北京第 1 次印刷

定价：79.80 元

读者服务热线：(010)53913866　印装质量热线：(010)81055316
反盗版热线：(010)81055315
广告经营许可证：京东市监广登字 20170147 号

推荐序

与裘炯涛老师的初次见面给我留下了深刻的印象，他是一位敬业且有才华的小学教师。他已经出版了多本关于创客教育和信息科技教育的图书。正是因为像裘老师这样的一线教育工作者的不懈努力，米思齐开源生态才得以发展至今日之成就。

最近，我有幸拜读了裘老师的最新力作，这本书保持了他一贯的风格，呈现了他对教育的独到见解。裘老师巧妙地结合了米思齐开源生态的多个元素，包括开源硬件、编程平台和物联网平台，设计了许多既富有创意又适合教学应用的案例。这些案例不仅有助于激发学生的创造力，提高学生的解决问题能力，而且完美契合了《义务教育信息科技课程标准（2022年版）》（简称《新课标》）中关于身边的算法、过程与控制、物联网实践与探索的内容。我相信，它不仅会成为学生和教师们的宝贵资源，也将激励更多的师生参与创新作品的制作。

本书着重介绍了智慧物联技术，这不仅是《新课标》中的全新内容，也是当前各类创意制作的基础。裘老师在书中展示了如何将这些前沿技术应用于解决现实问题，并将抽象的编程语言转化为具体可见的项目。通过以项目为中心的教学方法，本书有助于学生深入理解复杂概念，激发他们的探索精神、自我挑战意识和合作精神。

我衷心推荐这本书给所有热爱科技、渴望创新的教师和学生。让我们一起跟随科技的步伐，探索智慧物联的奇妙世界，开启属于我们的创新与创作之旅。

北京师范大学教育技术学院副院长、教授
米思齐团队负责人 傅骞

2024年9月

自 序

亲爱的读者朋友们：

当你翻开本书时，你即将踏上一段奇妙的探索之旅，这是一段关于学习、创造和创新的旅程。

我始终坚信，编程不仅仅是一门技术或科学，更是一种艺术、一种将想象力转化为现实的“魔法”。当我开始撰写这本书时，我希望能构建一座桥梁，连接起编程的世界和我们的日常生活。我希望这本书能够激发每一位读者对科技的好奇心，尤其是那些充满潜力的年轻读者。

书中的每一课都是精心设计的，不仅包含了基础的编程知识和物联网技术的原理，更重要的是，还提供了实际应用的案例和项目。从简单的点阵屏显示到复杂的智能家居系统，每一个项目都是一次新的探险，等待你们去挑战。

我深信，编程不应被视为高不可攀的技术堡垒。它是一门语言、一种表达方式、一种将创意转化为现实的工具。我希望这本书能够成为你们的向导，带领你们在编程的世界里自由翱翔，发现问题，解决问题，最终创造出属于自己的独一无二的作品。

在这个快速变化的时代，技术的每一次进步都为我们打开了新的大门。通过对本书的学习，我希望每一位读者都能够找到自己的兴趣所在，不断学习，不断创新，成为未来的变革者。

愿你们在这次旅程中收获知识，找到乐趣，激发创造力，拓宽视野。愿这本书能成为你们走向全新世界的入口。让我们一起，用编程的魔力，点亮未来的无限可能。

向广大读者致以最深的敬意和最美好的祝愿！

裘炯涛

2024年9月于临江小学

目 录

第一单元　玩转点阵屏

想象一下，如果你制作了一个小装置，每当你的朋友来访时，它就会亮起欢迎的文字。点阵屏就能让这一想象成为可能。在这个单元中，我们不仅将探索点阵屏的奥秘，还会学习如何利用点阵屏中这些小小的LED创造出令人赞叹的项目。点阵屏的应用无处不在，从繁华街角的广告牌到手腕上的智能手表，都是其技术的精彩展示。

本单元将一步步引导你，从了解点阵屏的基本原理开始，逐渐进入编程实践，完成一系列有趣的项目。从显示简单的文字，到实现紧张刺激的倒计时效果，再到完成经典游戏剪刀·石头·布的互动玩法，我们将一起体验编程的乐趣。每个项目都旨在加深你对点阵屏技术的理解，并提高你的编程技能。

无论你是编程初学者，还是有一定基础的爱好者，这个单元都会带你深入感受点阵屏的魅力。准备好用你的创意点亮这些小小的LED，一起玩转点阵屏，创造出令人赞叹的作品吧！

第1课　准备篇

夜晚的城市街道上，四周亮起的灯和屏幕大多是由小巧的LED组成的，这些LED发出各种颜色的光芒，组成千变万化的图案。你是否想过，这样的图案是如何形成的？现在，你即将踏入这个迷人的世界，亲手打造属于自己的LED项目。就像探险家在踏上未知旅程前的准备一样，我们也需要先熟悉工具和材料。

在这一课中，我们首先要了解MixGo ME开发板的基本结构，学习如何使用这个强大的工具；然后，我们还将探索Mixly编程平台，它将是你制作精彩LED项目的得力助手；最后，我们将学习如何连接开发板，如何上传第一个程序。

1.1　学习目标

- 了解开源硬件MixGo ME开发板的基本使用方法；
- 掌握Mixly编程平台的基本使用方法；
- 掌握MixGo ME开发板的程序上传方法。

1.2　认识硬件

1. 认识MixGo ME开发板

MixGo ME是一块基于ESP32-C3的开发板，如图1-1所示，这块开发板上集成了多种传感器和执行器，支持用MicroPython编程，是少年儿童学习编程的好工具。

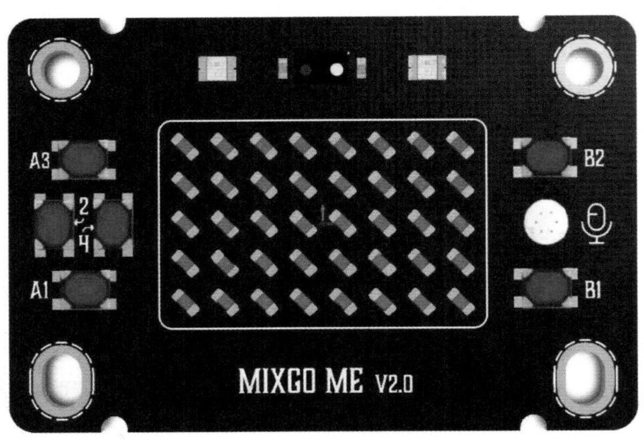

图1-1　MixGo ME开发板

2. MixGo ME 开发板正面

在MixGO ME开发板的正面，有着多种元器件，如图1-2所示，它们使开发板有丰富的功能。

点阵屏：在MixGo ME开发板的正面有一块5行8列的LED组成的屏幕，非常适合展示简单的文字和图形，是MixGo ME开发板最主要的显示设备。

按钮A1~A4和B1~B2：在点阵屏的左侧有4个按钮，分别是A1、A2、A3、A4，右侧有两个按钮，分别是B1和B2。通过按钮，我们向MixGo ME开发板输入控制信号，结合程序就可以实现各种有趣的项目。

声音传感器：在按钮B1和B2的中间，有一个小小的声音传感器，它可以监测到外界声音的大小。

RGB灯：在MixGo ME开发板的顶部有两个RGB灯，也叫全彩灯。通过程序，我们可以控制它们亮各种颜色，就像夜晚的霓虹灯一样，非常漂亮。

红外传感器：在两个RGB灯的中间还有一个红外传感器，它可以监测前面是否有障碍物，也可以监测外界的光照强度。

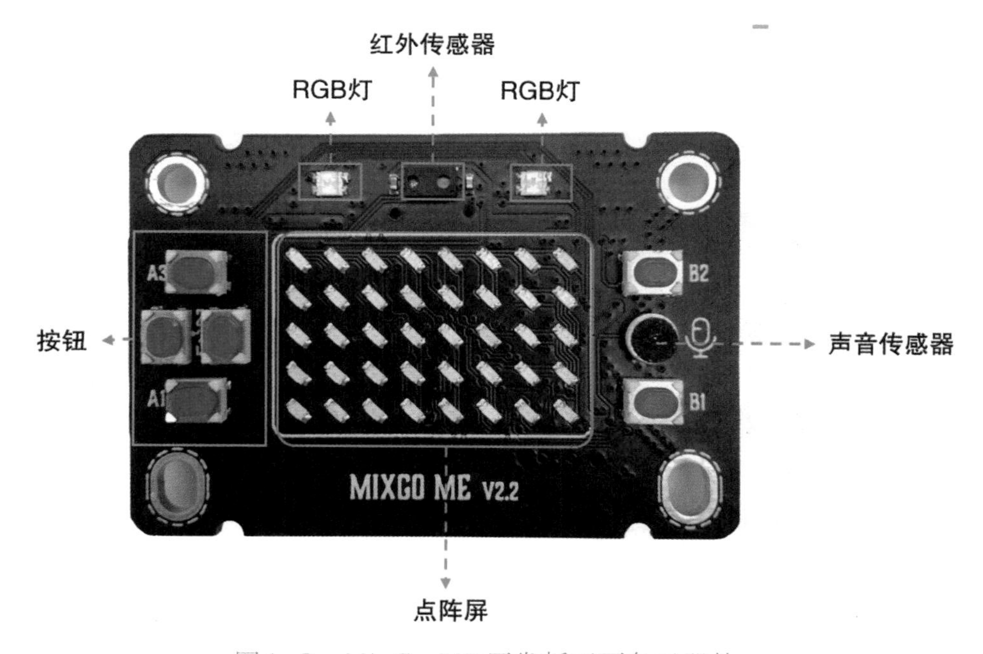

图1-2　MixGo ME开发板正面各元器件

3. MixGo ME开发板背面

在MixGo ME开发板的背面，主要有主控芯片，还有少量的执行器、传感器和接口，如图1-3所示。

ESP32-C3芯片：这颗芯片是MixGo ME开发板的“大脑”，负责处理所有的计算和控制任务，我们编写的所有程序都会在这里面执行，传感器监测到的数据都会交给它处理。

蜂鸣器：蜂鸣器可以发出不同频率的声音，可以用来播放简单的音乐。

加速度传感器：这个传感器可以监测MixGo ME开发板的移动速度和方向变化，非常适合制作运动控制类的项目。

扩展接口：这些接口让MixGo ME开发板能够连接外部传感器，扩展项目功能。

程序下载接口：MixGo ME开发板通过该接口与计算机连接，实现程序下载。

重启按钮：可以让MixGo ME开发板重新运行程序。

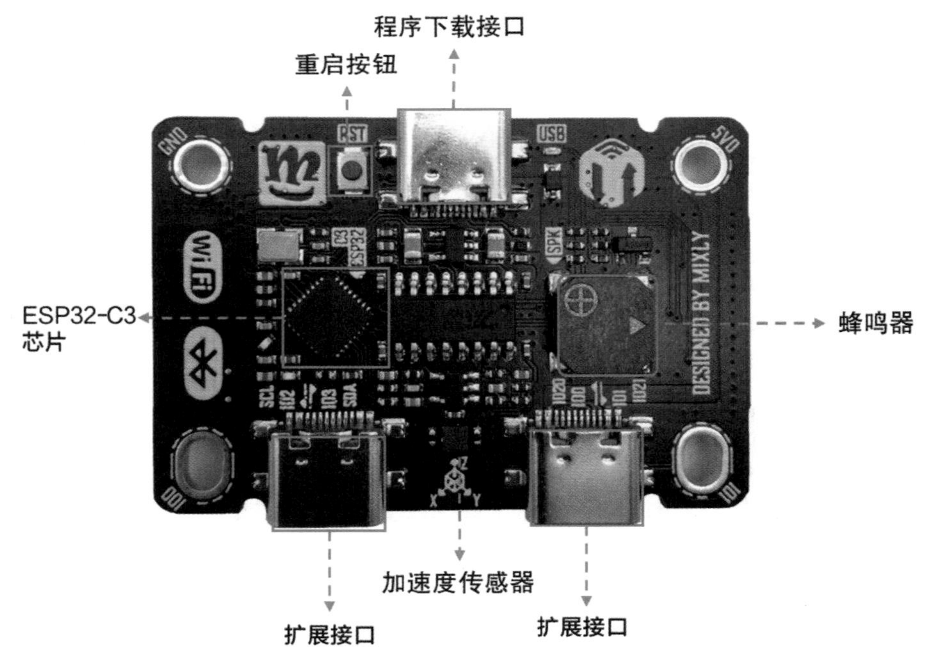

图1-3　MixGo ME开发板背面各元器件

1.3　准备编程平台

1. 认识Mixly编程平台

Mixly是由北京师范大学傅骞博士团队开发的适合中小学师生使用的图形化软件，是目前被国内广泛使用的图形化编程平台。本书的所有范例都是利用Mixly编写的，如果你有Scratch编程基础，相信Mixly编程不会难倒你。

2. 下载软件

Mixly软件可以从其官网下载，如图1-4所示。Windows 7及以上操作系统的用户可使用Windows版本。macOS版本需预先安装Java环境，相应的安装程序在官网中也可进行下载。

图1-4　Mixly官网下载页面

根据你使用的操作系统，寻找适合的版本。本书以Windows版本为例进行下载安装。

3. 安装软件

Mixly是绿色软件，并不需要复杂的安装过程。下载压缩文件并解压缩，第一次安装时需要运行“一键更新.bat”从服务器上下载最新版，完成更新后的软件结构如图1-5所示。为了方便使用，可以将“Mixly.exe”的快捷方式发送到桌面。

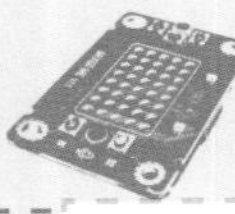

此电脑 › 本地磁盘 (D:) › Mixly2.0-win32-x64 ›

名称	修改日期	类型	大小
.git_win_esp8266	2024/8/28 21:23	文件夹	
.git_win_stm32	2024/8/28 21:20	文件夹	
arduino-cli	2024/8/28 21:22	文件夹	
Git	2024/8/28 21:20	文件夹	
locales	2024/8/28 21:21	文件夹	
mixpyBuild	2024/8/28 21:21	文件夹	
resources	2024/8/28 21:22	文件夹	
testArduino	2024/8/28 21:22	文件夹	
.gitignore	2024/8/28 21:22	Git Ignore 源文件	1 KB
.gitmodules	2024/8/28 21:21	GITMODULES 文...	1 KB
CHANGELOG.md	2024/8/28 21:21	Markdown 源文件	18 KB
chrome_100_percent.pak	2024/8/28 21:21	PAK 文件	126 KB
chrome_200_percent.pak	2024/8/28 21:21	PAK 文件	175 KB
d3dcompiler_47.dll	2024/8/28 21:21	应用程序扩展	4,777 KB
ffmpeg.dll	2024/8/28 21:21	应用程序扩展	2,725 KB
icudtl.dat	2024/8/28 21:21	DAT 文件	10,161 KB
libEGL.dll	2024/8/28 21:21	应用程序扩展	460 KB
libGLESv2.dll	2024/8/28 21:21	应用程序扩展	7,011 KB
LICENSE	2024/8/28 21:21	文件	1 KB
LICENSES.chromium.html	2024/8/28 21:21	Firefox HTML D...	5,240 KB
Mixly.exe	2024/8/28 21:21	应用程序	145,411 KB
README.md	2024/8/28 21:21	Markdown 源文件	3 KB
resources.pak	2024/8/28 21:22	PAK 文件	5,015 KB
snapshot_blob.bin	2024/8/28 21:22	qdprobotesp	398 KB
v8_context_snapshot.bin	2024/8/28 21:22	qdprobotesp	714 KB
version	2024/8/28 21:22	文件	1 KB
vk_swiftshader.dll	2024/8/28 21:22	应用程序扩展	4,648 KB
vk_swiftshader_icd.json	2024/8/28 21:22	JSON 源文件	1 KB
vulkan-1.dll	2024/8/28 21:22	应用程序扩展	855 KB
一键更新.bat	2024/8/28 21:22	Windows 批处理...	11 KB

图 1-5　Mixly 软件结构

在桌面上双击“Mixly.exe”图标，就可以启动Mixly软件，如图1-6所示。然后找到MixGo ME开发板（Python ESP32-C3）的图标，进入对应的编程界面。

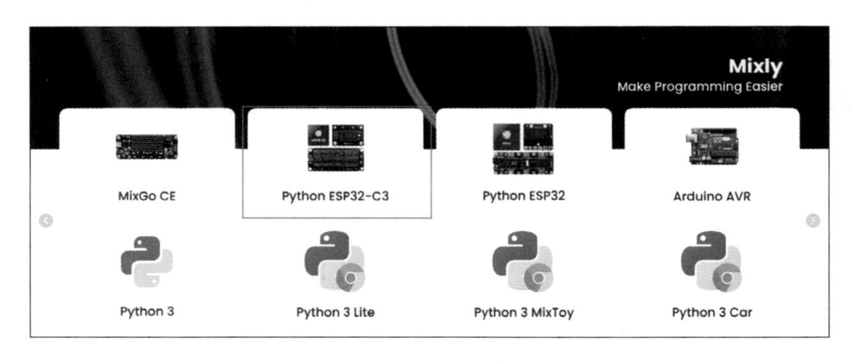

图 1-6　Mixly 软件主界面

4. 连接开发板

将MixGo ME开发板用USB线与计算机连接，如图1-7所示，稍等片刻，计算机就会识别到开发板。

图1-7　将MixGo ME开发板连接到计算机

1.4　上传程序

1. 选择开发板

在Mixly软件的主界面选择“Python ESP32-C3”开发板，打开后，在右上角选择“MixGo ME”，并选择正确的串口，如图1-8所示。

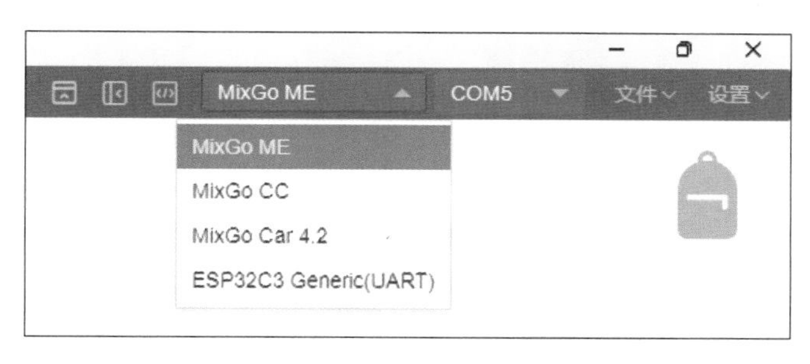

图1-8　在Mixly软件中选择MixGo ME开发板

当一切准备工作就绪后，我们就可以给MixGo ME开发板编程啦。

2. 上传程序

从“板载显示”类别中，找到显示（图像/字符串）程序块，如图1-9

所示，将其拖到编程区，然后单击“上传”。

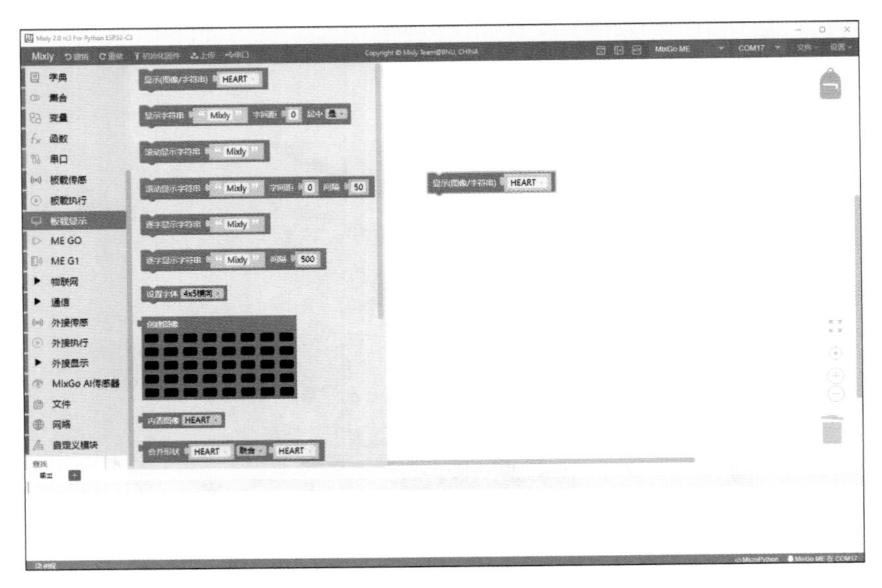

图1-9　Mixly软件编程界面

在编译信息输出区看到上传成功的提示信息，如图1-10所示。

```
输出    COM17
mode:DIO, clock div:1
load:0x3fcd6100,len:0xe3c
load:0x403ce000,len:0x6dc
load:0x403d0000,len:0x28ac
entry 0x403ce000
MicroPython v1.19.1-11-g72729e1fa-dirty on 2022-07-01; MixGo ME with ESP32C3
Type "help()" for more information.
>>>
```

图1-10　程序上传成功的提示信息

与此同时，我们也看到MixGo ME开发板的点阵屏上显示爱心图案，如图1-11所示，这就说明程序上传成功。

图1-11　MixGo ME开发板的点阵屏上显示爱心图案

第 2 课　个性电子姓名牌

亲爱的同学们好，想象一下，当你走进教室时，看到每位同学的胸前都佩戴着独一无二的电子姓名牌，上面不仅有各自的名字，还有动态的图案和个性化设计，那简直太酷了！

本课将带你探索LED的神奇世界，学习如何用MixGo ME开发板制作出属于你的个性化电子姓名牌。我们会从基本的LED知识开始，了解顺序结构和循环结构在编程中的作用，然后完成第一个编程项目。准备好了吗？让我们开始这段创造性的旅程，让你的名字在点阵屏上闪耀吧！

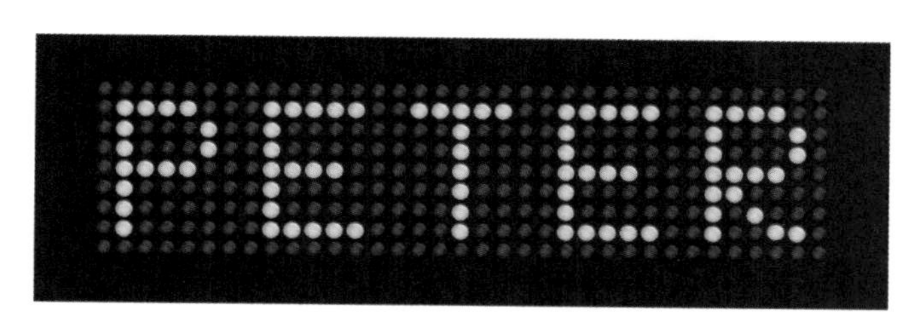

2.1　学习目标

- 了解点阵屏在生活中的应用场景，能说出点阵屏显示内容的原理；
- 掌握控制点阵屏显示文字、图案等内容的方法；
- 初步理解顺序结构、循环结构在程序中的作用。

2.2　发布任务

在这一课中，我们将学习如何使用MixGo ME开发板来显示自己的名字，并使用各种图形和符号来进行个性化装饰。通过这节课，我们将深入了解MixGo ME开发板的使用方法。

2.3 知识学习

1. LED

LED（发光二极管）是一种能够将电能转换为光能的半导体器件，如图2-1所示。它主要由含有不同元素的化合物制成，这些元素决定了LED发出的光色。例如，砷化镓二极管发红光，磷化镓二极管发绿光，碳化硅二极管发黄光，氮化镓二极管发蓝光。LED广泛用于电子和电器产品中，如电视机指示灯、交通信号灯，甚至是户外广告板。

传统的LED有两个引脚，分别是正极（长脚）和负极（短脚）。在MixGo ME开发板上使用的是贴片型LED，这种LED较小，背面有两个焊点用于固定和连接。

图2-1　LED

2. 顺序结构

在编程中，顺序结构是最基本的逻辑结构。程序会按照顺序逐条执行每个命令，如图2-2所示。

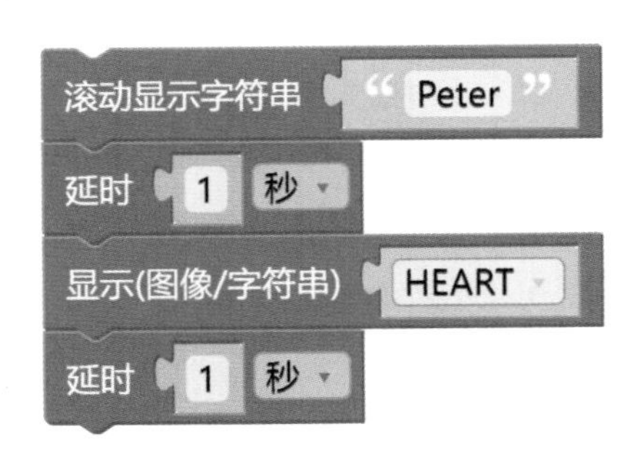

图2-2　顺序结构程序示例

3. 循环结构——重复循环

循环结构在编程中用于重复执行一系列操作，在需要连续显示或更新信息时特别有用。例如，在点阵屏上创建一个不断闪烁的爱心图案，可以通过将显示大爱心和显示小爱心程序放入循环中来实现，如图2-3所示。这样，爱心图案会不断地变大变小，实现动态效果。

当 满足条件 真
重复执行
显示(图像/字符串) HEART
延时 1 秒
显示(图像/字符串) HEART_SMALL
延时 1 秒

图 2-3　循环结构程序示例

2.4　编程思路

当程序开始运行时，在点阵屏上显示自己的名字，可以是英文名，也可以是中文名的拼音，然后再显示一个爱心图案，流程如图 2-4 所示。

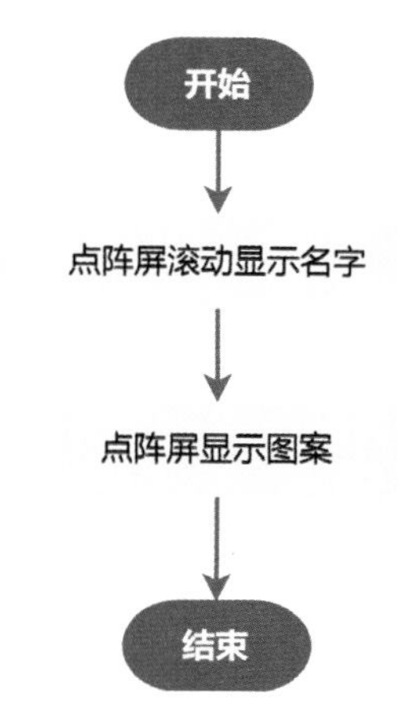

图 2-4　显示个性电子姓名牌流程

2.5　编程实现

在这一课中，我们将学习如何使用 Mixly 的基本程序块来创建动态的电子姓名牌。

1. 认识程序块

（1）滚动显示字符串 滚动显示字符串 “Hello,World!”

滚动显示字符串程序块位于“板载显示”类别中，使用该程序块可以在MixGo ME开发板的点阵屏上滚动显示文字，产生类似于广告牌上的文字滚动效果。

（2）延时 延时 1 秒

延时程序块位于“控制”类别中，可以让程序在一定时间内保持前一状态，使程序更具动态效果。延时的单位可以是秒、毫秒或微秒。

（3）当满足条件重复执行 当 满足条件 真 重复执行

当满足条件重复执行程序块位于“控制”类别中，该程序块可以让满足条件（可下拉改成不满足条件）的程序重复执行。

2. 编写程序

编写程序在点阵屏上滚动显示自己的名字，试着使用上面介绍的程序块来实现这个效果，如图2-5所示。

图2-5　点阵屏滚动显示名字

点阵屏上显示完文字后，还可以显示一个爱心图案，让显示的内容更丰富，如图2-6所示。

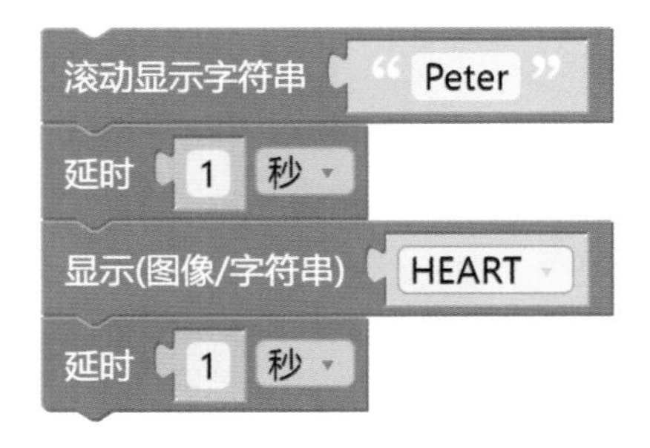

图2-6　点阵屏显示文字和图案程序

上传上面的程序，查看效果，并说说你发现的问题。

再试试图 2-7 所示的程序，说一说上面的程序和这个程序的区别，通过两个例子来体会重复执行结构起到的作用。

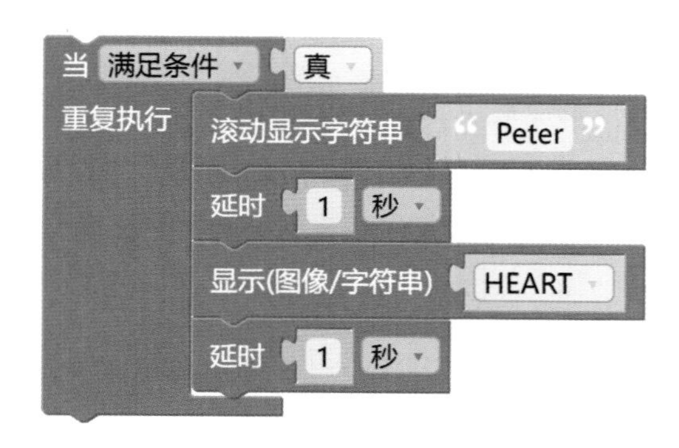

图 2-7　重复显示文字和图案程序

2.6　拓展任务

现在，是时候将你在本课中学到的知识付诸实践了。你的任务是利用点阵屏，结合文字和图案，设计一个独一无二的个性电子姓名牌。

创意思考：你可以将你的兴趣、爱好或者个性标志融入姓名牌中。例如，你喜欢足球，可以尝试添加一个足球图案。

技术提示：考虑到 MixGo ME 开发板的点阵屏只有 5 行 8 列 LED，你需要在有限的点阵屏空间内最大化地展示信息。你可利用滚动文字、闪烁效果或者动态图像来增加视觉吸引力。

完成作品后，别忘了跟同学们分享哦，看看大家是如何实现他们的创意的。

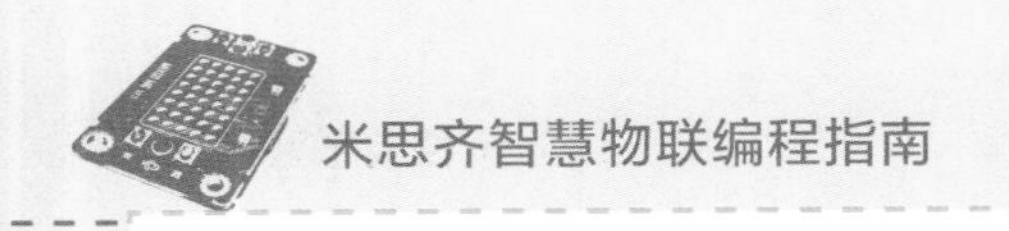

2.7 交流思考

如今，LED广告牌已经成为城市风景的一部分。这些广告牌不仅能展示基础的文字和图案，还能播放各种动态图像，为我们的生活增添色彩。这背后的技术原理是什么呢？让我们一起来探索和讨论。

2.8 知识拓展

LED点阵屏

LED点阵屏已成为一种重要的显示技术，它不仅在我们的日常生活中无处不在，而且在技术应用领域发挥着重要作用。

LED点阵屏由众多LED组成，通过特定LED的亮灭来显示文字、图片、动画、视频等，是生活中常见的显示器件。我们可以在很多地方见到LED点阵屏，比如电子时钟的屏幕（见图2-8），公交车上显示站名的屏幕，一些商店门口招揽顾客的电子招牌，大型商场内的巨幅LED显示屏。

根据实际应用需要，简单的LED点阵屏只需要亮一种或者两种颜色，一般用于显示文字和图案；而有些复杂的LED点阵屏可以亮很多种颜色，用来播放图片和视频。

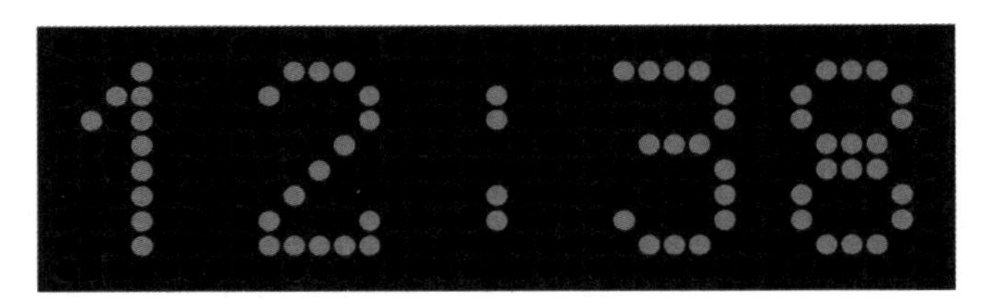

图2-8　LED点阵屏显示时间

第 3 课　激动人心的倒计时

“各位朋友们，新年的钟声即将响起，我们一起迎接新的开始吧！10、9、8、7、6、5、4、3、2、1，新年快乐！”每到新年之际，这样的倒计时总能激发我们的热情和期待。在这一课中，我们将学习如何用编程的方式来重新诠释经典的倒计时瞬间。

3.1　学习目标

- 初步了解按钮的原理，能通过程序监测按钮被按下、松开等动作；
- 掌握使用按钮控制 MixGo ME 开发板触发事件的方法。

3.2　发布任务

我们将使用 MixGo ME 开发板来设计一个数字倒计时器。想象一下，当你按下按钮时，点阵屏上的数字逐渐减小，直到为“0”，屏幕上显现出“Happy New Year”的祝福。这不仅是对编程技能的挑战，也是对创造力的考验。让我们开始吧，用你的技术制作一个炫酷的倒计时，为新的一年开启精彩的序幕！

3.3 知识学习

1. 按钮

按钮作为一种常用的交互设备，在我们的日常生活中无处不在，如图3-1所示。它是一种简单的数字输入传感器，通过物理按压来改变电路状态。我们将学习如何通过编程来监测按钮的状态变化，并将其转化为有意义的输出。当按钮被按下和松开时，分别会产生不同的信号，比如被按下时为1，被松开时为0。

图3-1 按钮

2.数字信号（开关量）

数字信号是电子世界中的基本语言，它仅有两种状态：开（1）和关（0）。在生活中，数字信号的例子非常多，比如电灯的开和关就可以与数字信号的1和0对应，声音的有和无也可以与数字信号的1和0对应。在电路中，数字信号可以表现为通路和断路，当然也可以表现为高电平和低电平，如图3-2所示。

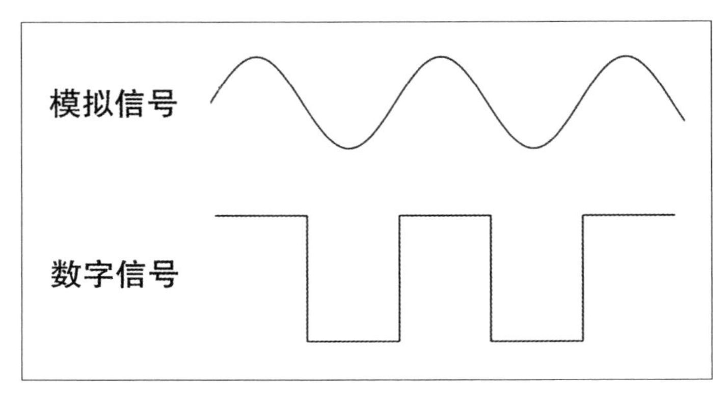

图3-2 模拟信号和数字信号

按钮是典型的数字输入传感器，当按钮被按下时，它会向开发板输入一个高电平信号；当按钮被松开时，它会向开发板输入一个低电平信号。

而LED就是典型的数字输出设备，开发板输出高电平给LED，LED就会发光；开发板输出低电平给LED，LED就会熄灭。

请你举例说一说，身边常见的设备中，哪些使用的是数字信号？哪些使用的不是数字信号？把它们填入表3-1中。

表3-1　常见设备及其是否使用数字信号

情境描述	输入量/输出量	是否为数字信号（开关量）
按下电梯按钮，电梯门打开	输入量	是
烟雾报警器监测到烟雾浓度较高，触发报警	输入量	否

3.4　编程思路

按下开始按钮，在点阵屏上依次显示“3”“2”“1”“Start”，每次显示保持1秒，流程如图3-3所示。

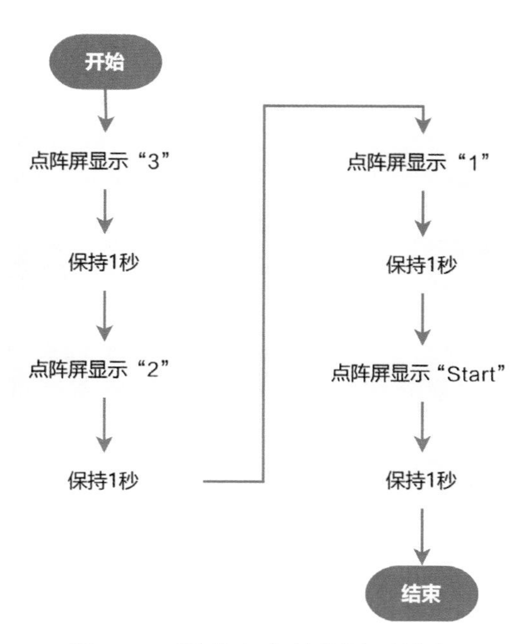

图3-3　激动人心的倒计时流程

3.5 编程实现

1. 认识程序块

（1）转字符串

转字符串程序块可以将数字转成字符串，我们使用它来显示倒计时的数字。

（2）如果……执行

如果……执行程序块位于“控制”类别中，它可以让程序执行符合一定条件的语句，是判断结构中的核心程序块。我们使用它来监测按钮是否被按下，并触发倒计时。

单击蓝色齿轮图标，可以将否则如果或否则程序块拖入如果程序块的框内，形成如果……执行，否则如果……执行程序块，如图3-4所示。也可以拖放多个否则如果程序块，形成更多条件的如果执行程序块。添加完成后，再次单击蓝色齿轮图标，就可以收起工具栏。

2. 编写程序

根据流程，在点阵屏上依次显示“3”“2”“1”，最后显示“Start”，程序如图3-5所示。

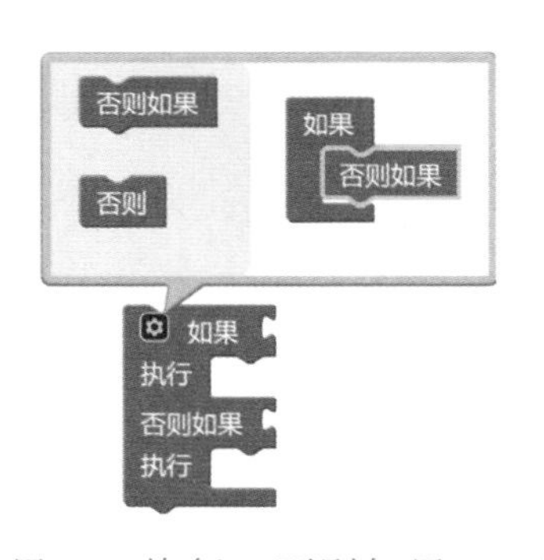

图3-4　如果……执行，否则如果……执行程序块

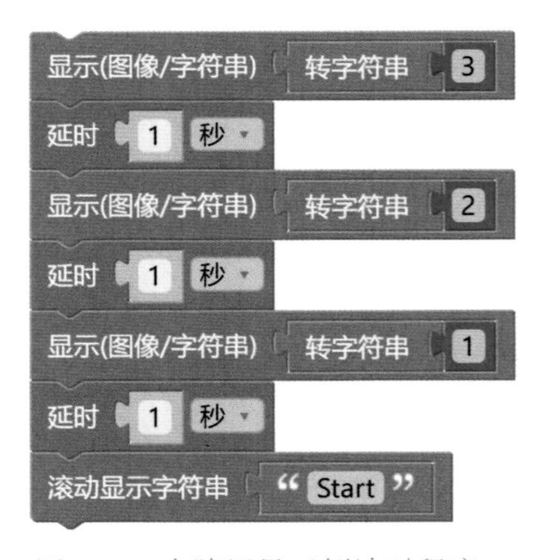

图3-5　点阵屏显示倒计时程序

上面的程序可以实现一次倒计时，但如果想要用按钮控制倒计时，还需要继续修改程序。比如，当按钮B1被按下时，才启动倒计时功能，程序如图3-6所示。

图 3-6　按钮控制倒计时程序

3.6　拓展任务

现在让我们将倒计时项目提升到一个新的层次。在这个拓展任务中，请你进一步挖掘编程的潜力，通过编程实现更多创意功能。

按下按钮，可以作为一个控制信号，让 MixGo ME 开发板开始执行某一件事情。请你尝试编写程序，当按下另一个按钮时，在点阵屏上呈现另外的内容，可以是一个简单的图形、符号，或者是通过多个动作组合形成动态效果。

3.7　交流思考

当我们按下各种电器上的按钮时，会发生一系列事情。比如调节电风扇的风速，切换电饭煲的烹饪模式，还有调节电视机的声音，每一次按下按钮都触发了一系列复杂的内部操作。这背后的原理是什么？让我们一起来探索和讨论。

探讨任务：调查家中的不同电器，观察它们的按钮如何控制设备的不同功能。例如，当你按下电风扇的速度按钮时，它是如何改变风速的？

理解原理：研究这些按钮背后的基本工作原理。它们是如何将一个简单的物理动作转化为电子信号，进而控制复杂的电器操作的？

应用想象：想象如果你能重新设计这些电器的控制方式，你会如何做？你会添加哪些创新的功能或改进它们的互动体验？

3.8 知识拓展

不同类型的按钮

（1）触点式按钮

触点式按钮是指利用按钮推动传动机构，使动触点与静触点接通或断开，实现电路换接的开关，如图3-1所示。触点式按钮是一种常见的按钮，一般来说，按下按钮可以使电路导通或者发出控制信号，松开后按钮会自动回弹到原始状态。

（2）自锁式按钮

自锁式按钮也是一种常见的按钮，如图3-7所示。在自锁式按钮第一次被按下时，开关接通并保持，即自锁；当它再次被按下时，开关断开，同时按钮会弹出来。

图3-7　自锁式按钮

第 4 课　剪刀 · 石头 · 布助手

剪刀 · 石头 · 布是一种经典而受欢迎的游戏，无论是在学校的课间休息时，还是在与朋友们的娱乐活动中，这个简单而有趣的游戏总能带给我们欢乐和紧张的体验。但是，有时候我们可能会遇到没有人陪我们一起玩的情况，或者想要提升游戏的趣味性和挑战性。那么，有没有一种方式可以解决这些问题呢？本课要向大家介绍一个特殊的助手——剪刀 · 石头 · 布助手。这个助手不仅可以与你一起玩剪刀 · 石头 · 布游戏，还能随机出拳，为你提供全新的游戏体验。

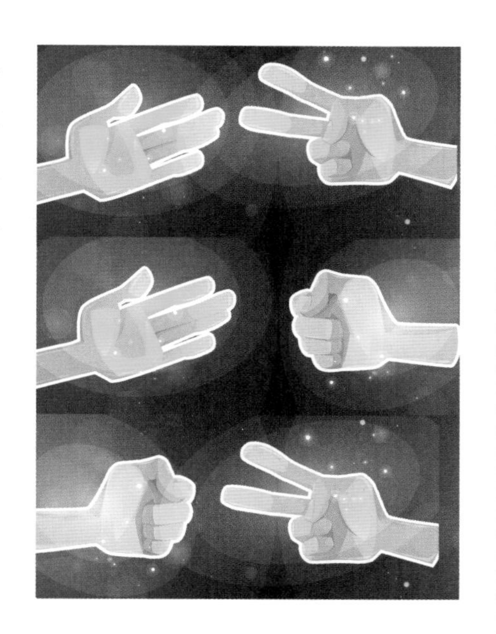

4.1　学习目标

- 初步理解变量的概念，了解变量使用的场景；
- 掌握变量的创建、赋值方法；
- 了解随机数在生活中的应用场景；
- 能够通过程序生成随机数，并将随机数应用在作品中；
- 初步理解选择结构的应用。

4.2　发布任务

在本任务中，我们要创造一个能自主出拳的剪刀 · 石头 · 布助手。想象一下，你有了一个能够随机与你对战的智能伙伴，让单调的剪刀 · 石头 · 布游戏变得更加刺激和有趣。使用 MixGo ME 开发板，通过简单的编程，让它能够在你按下按钮时迅速做出剪刀、石头或布的选择，并立刻展示给你看。

这个任务不仅考验你对编程基础的掌握，还需要你发挥创意，设计出一个既实用又富有趣味的游戏伙伴。准备好迎接这个挑战了吗？让我们一起开启这趟创新之旅，让你的剪刀·石头·布游戏变得更加智能化！

4.3 知识学习

1. 剪刀·石头·布的规则

在剪刀·石头·布游戏中，两位参与者同时出示手势，以决定胜负。以下是游戏规则。

剪刀：剪刀可以剪布，因此剪刀战胜布。

石头：石头可以砸碎剪刀，因此石头战胜剪刀。

布：布可以包住石头，因此布战胜石头。

根据这些规则，比赛的结果可以是胜、负或平局。当两位参与者同时出示相同的手势时，比赛结果为平局；否则，根据剪刀、石头和布的胜负关系来决定胜者。

2. 随机数

随机数是从给定的范围内抽取的一个数。随机数的抽取具有不确定性，但如果抽取次数足够多，那么范围内每一个数被抽中的概率基本相同。

我们可以将随机数的产生理解为在一个箱子中放有一批带编号的小球，如图4-1所示，搅拌均匀后进行摸球，摸到的球上面的数字就是随机数。

在我们的剪刀·石头·布助手中，随机数将用于模拟对手的出拳选择，使游戏更加刺激和公平。

图4-1 随机摇奖箱

3. 变量

变量，顾名思义，是内容可变的量。变量在编程时能存储计算结果或者表示值的抽象概念。变量包括变量名与存储的内容。如果将变量看作一个可以装入一些东西的盒子，可以存储数字、字符串等内容，盒子的名称就是变量名。在为变量命名时，要遵守命名规范，并且尽量使用有意义的名称。在图形化编程中，使用一些程序块的同时会自动创建一个变量。

在Mixly的“变量”类别中，我们可以创建变量并为其赋值，已经创建过的变量会以单独的程序块形式出现在“变量”类别中，供程序编写时使用，如图4-2所示。

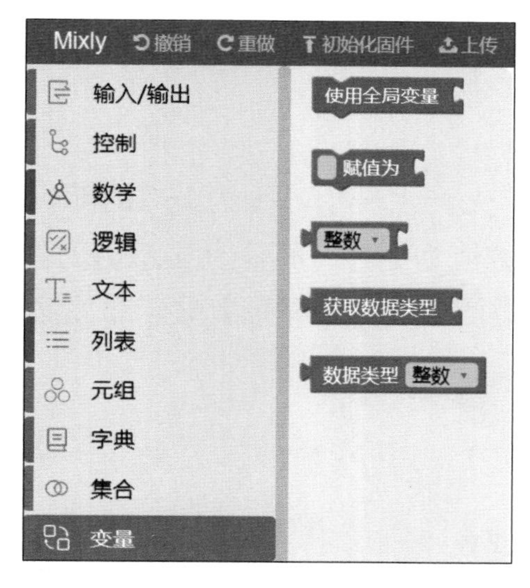

图4-2 Mixly中的变量

在Python语言中，规范的变量名可以由字母、数字或者下划线组成，变量名必须以字母或者下划线开头，且不能与保留字相同。表4-1列出了Python保留字，仅供参考和了解。Mixly图形化编程中允许存在中文变量名。

表4-1 Python保留字

类别	保留字
运算类	and、as、assert、del、in、is、not、or、None、false、true
控制结构	if、elif、else、for、while、break、continue
定义对象或函数	class、def、return、yield、global、lambda、nonlocal
Pyhon功能语句	from、import、print、exec、pass、with
异常操作	try、except、finally、raise

4. 选择结构

选择结构用于判断给定的条件，如图4-3所示，根据判断的结果来控制程序的流程。我们将使用选择结构来判断胜负，使游戏逻辑更加完整。

图4-3　选择结构

4.4　编程思路

当按下按钮A1时，先产生一个范围为1~3的随机整数，然后让不同的数值对应不同的手势。当数值为1时，屏幕上显示剪刀图案；当数值为2时，屏幕上显示石头图案；当数值为3时，屏幕上显示布图案，流程如图4-4所示。

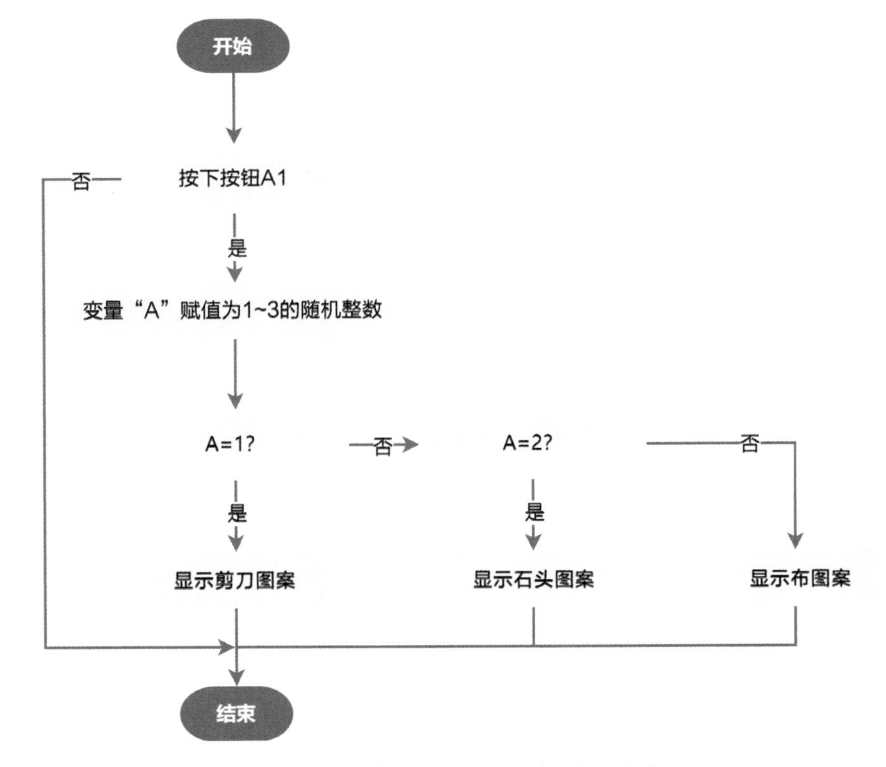

图4-4　剪刀·石头·布助手流程

4.5　编程实现

1. 认识程序块

（1）随机数 随机 整数 从 1 到 100

随机数程序块位于“数学”类别中，使用该程序块可以方便地产生指定范围内的随机数。比如产生从1到100之间的随机整数，那么结果可能是1（含）到100（含）之间的任意一个整数。

（2）比较运算 =

比较运算程序块位于“逻辑”类别中，主要用于比较数字之间、变量之间、数字与变量之间的大小。

除了可以判断是否相等以外，还可以判断不等于、小于、小于等于、大于、大于等于等几种情况，如图4-5所示。如果满足判断条件，则返回真（true），否则返回假（false）。

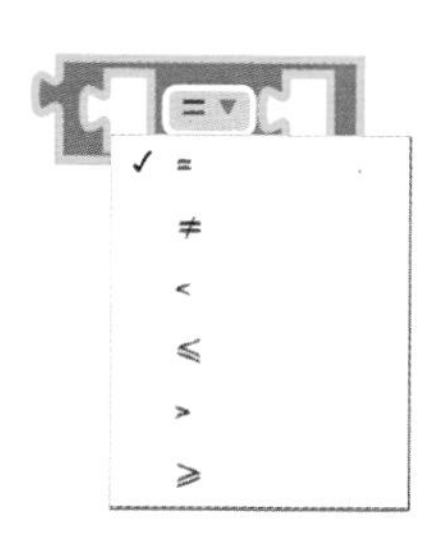

图4-5　比较运算程序块的判断情况

（3）变量赋值 A 赋值为

在程序中，变量是用来存储数据的“盒子”或者“容器”。就像我们平常用盒子来存放玩具一样，变量也可以用来存放数据。我们在使用变量时，需要给变量命名，就像我们要给玩具盒贴上标签一样，规范的变量命名便于我们辨认和使用。

当变量有了名字后，我们就可以使用它了，给变量赋值就相当于在这个盒子内存入玩具，而调用变量就相当于将玩具取出。

2. 编写程序

首先需要声明一个变量A，用于存放产生的随机数。当按钮A1被按下后，先要初始化随机数，初始化随机数相当于将箱子中小球搅拌均匀。然后将A赋值为1~3的一个随机整数，为了方便调试，先将变量A打印出来，如图4-6所示。

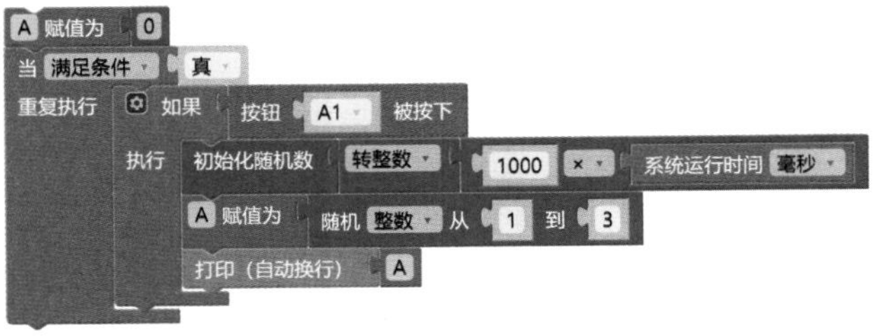

图4-6　产生随机整数程序

完成程序后，请你先测试30次左右，用“正”字计数法记录A等于不同数值的次数，记录在表4-2中。

表4-2　A等于不同数值的次数

A的值	1	2	3
次数			

根据结果，说说你发现的规律。

为了可以更直观地在MixGo ME开发板的点阵屏上看到剪刀、石头和布的手势，我们还需要对程序进一步优化。当A等于不同数值时，点阵屏显示不同的手势图案，如图4-7所示。

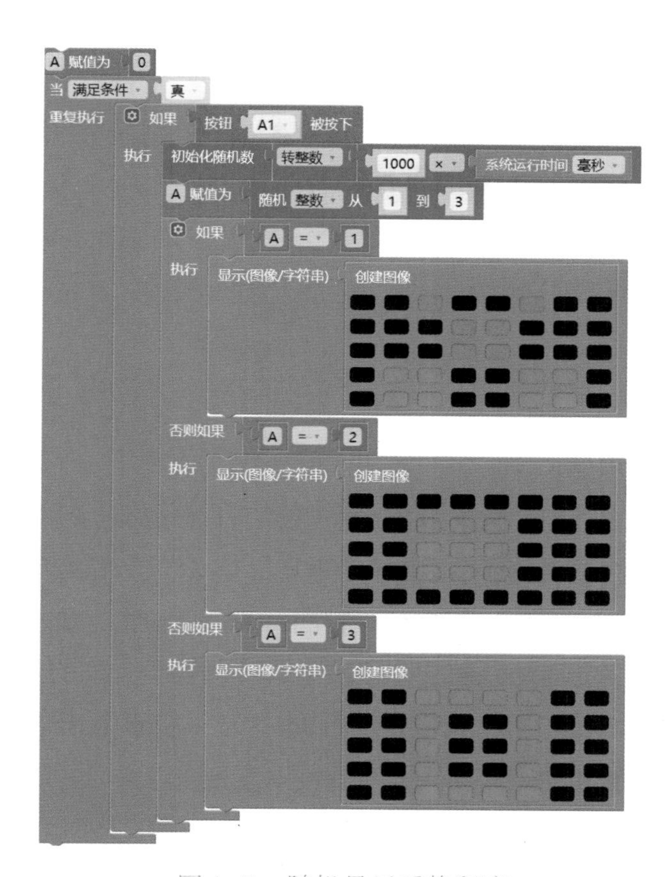

图 4-7　随机显示手势程序

上传程序后，跟你的同伴一起试一试吧，比比谁赢的次数多。

4.6　拓展任务

我们已经成功创建了一个简易的剪刀 · 石头 · 布助手，能够随机出拳与玩家对决。但想象一下，如果能在同一个 MixGo ME 开发板上实现双人游戏，并且让 MixGo ME 开发板自动判断输赢，那会多么有趣！

设计提示：如何使 MixGo ME 开发板能够接收两位玩家的输入，并在屏幕上显示各自的选择？如何编程实现游戏的判定逻辑，使 MixGo ME 开发板能够根据剪刀 · 石头 · 布的规则判断并显示游戏结果？

4.7　交流思考

在本课中，我们利用随机数和点阵屏实现了一个有趣的剪刀 · 石头 · 布助手。现在，让我们一起思考如何进一步增强这个游戏的互动性和趣味性。

增强互动性：比如，考虑添加声音效果，或是使助手能够根据玩家的出拳历史来“学习”并适应玩家的策略。

增加趣味元素：比如，设计一个计分系统，记录玩家与助手之间的胜负情况；或是加入特殊的“超级手势”，打破传统规则。

4.8 知识拓展

随机数真的随机吗?

其实，我们使用计算机产生的随机数，在大部分情况下只是伪随机数。伪随机数是用确定性的算法计算出来自[0,1]均匀分布的随机数序列，并不真正随机，但具有类似于随机数的统计特征，如均匀性、独立性等。在计算伪随机数时，若使用的初值（种子）不变，那么伪随机数的数序也不变。伪随机数可以用计算机大量生成，在模拟研究中为了提高模拟效率，一般采用伪随机数代替真正的随机数。

真正的随机数是物理现象产生的：比如掷钱币、骰子，使用电子元器件的噪声等，这样的随机数发生器叫作物理性随机数发生器，它们的缺点是技术要求比较高，产生过程比较慢或者复杂。

第 5 课　创意流水灯

城市的夜晚总是充满魔幻与光彩，灯光在黑暗中绘出无数迷人的图案。想象一下，如果你也可以用编程的力量，创造出独特的流水灯效果，那会是多么激动人心的体验！在这一课中，我们将利用 MixGo ME 开发板，设计出独一无二的流水灯。让我们一起开始这段奇妙的旅程，用编程的魔法点亮夜空，创造出流光溢彩的灯效吧！

5.1　学习目标

- 了解点阵屏的坐标系，掌握坐标系的规律；
- 初步掌握循环嵌套的使用方法，能使用循环嵌套设计流水灯。

5.2　发布任务

我们可以用点阵屏的LED展现出无限创意，让它们像夜空中的星星一样闪烁。在本课中，我们将探索如何利用 MixGo ME 开发板上的点阵屏来创造流水灯效果。我们将编写程序，通过逐行逐列点亮和熄灭LED，创造出连续流动的光效，使其看起来就像一条灵动的流水线。这不仅是一次编程练习，更是一次将艺术与科技融合的探索，让我们开始这段创意之旅吧！

5.3 知识学习

1. 点阵屏坐标系

在MixGo ME开发板的点阵屏上一共有5行8列贴片型LED，为了能更明确地指出每一个LED，我们使用坐标系来进行定位，如图5-1所示。最左上角的LED的坐标为(0,0)，水平向右，x坐标增大；竖直向下，y坐标增大，相邻LED的坐标值相差1。

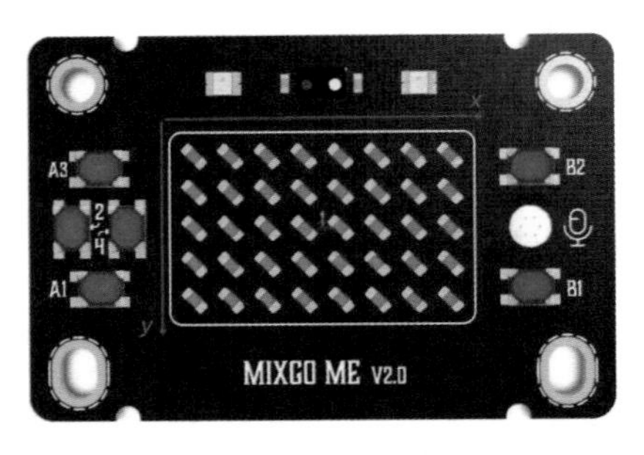

图5-1　点阵屏坐标系

除了MixGo ME开发板的点阵屏有坐标系，我们平时使用的手机、电视机的屏幕也有类似的坐标系，电视机上显示的图像其实也是由众多的像素点构成的。

2. 循环嵌套

当一个循环结构内包含另一循环结构时，就形成了循环嵌套，如图5-2所示。利用循环嵌套可以提高程序编写效率。

```
对 生成序列 从 0 到 8 间隔为 1 中的每个项目 x
执行 对 生成序列 从 0 到 5 间隔为 1 中的每个项目 y
     执行 设置亮灭 点x x y y 亮
          延时 100 毫秒
```

图5-2　循环嵌套示例

5.4 编程思路

为了简化说明，我们先讲解点亮第一行LED的思路，流程如图5-3所示。我们先用变量x记录当前要点亮的LED的x坐标值。当x<8时，点亮

(x,0)的LED，然后保持100毫秒并让x增加1；当x=8时，正好完成第一行LED的点亮。

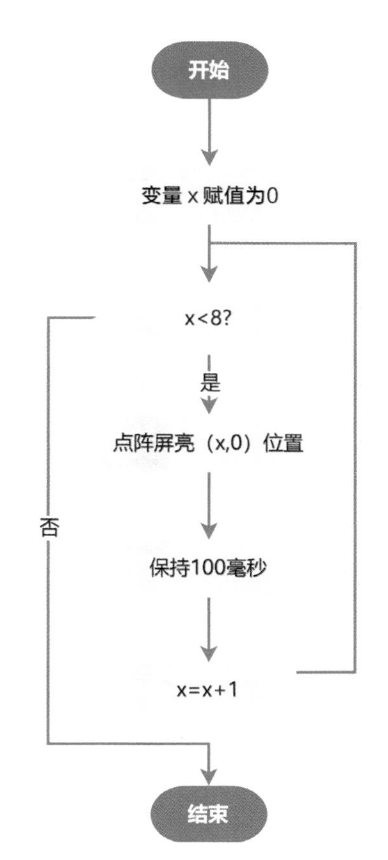

图5-3　创意流水灯流程

5.5　编程实现

1. 认识程序块

设置亮灭

设置亮灭程序块位于“板载显示”类别中，使用该程序块可以改变MixGo ME开发板点阵屏上每一个LED的亮灭状态。

2. 编写程序

首先声明变量x，当x<8时，点亮坐标为(x,0)的LED，然后让x增加1，点亮下一个LED，如此往复，直到x=8为止，如图5-4所示。

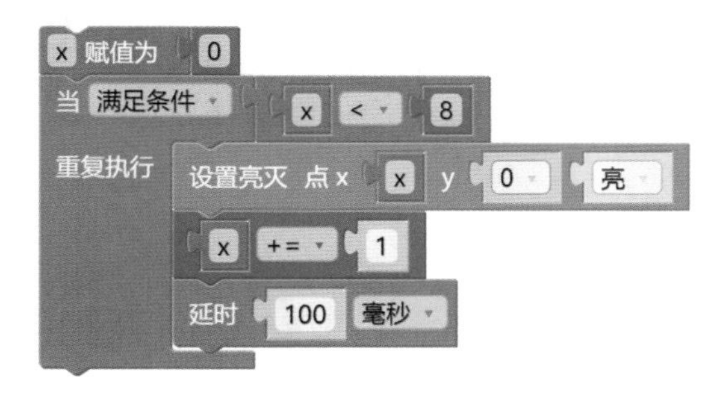

图5-4　点亮点阵屏第一行LED的程序

以上程序已经完成了第一行LED的点亮，那么该如何让接下来的LED依次点亮呢？程序如图5-5所示。

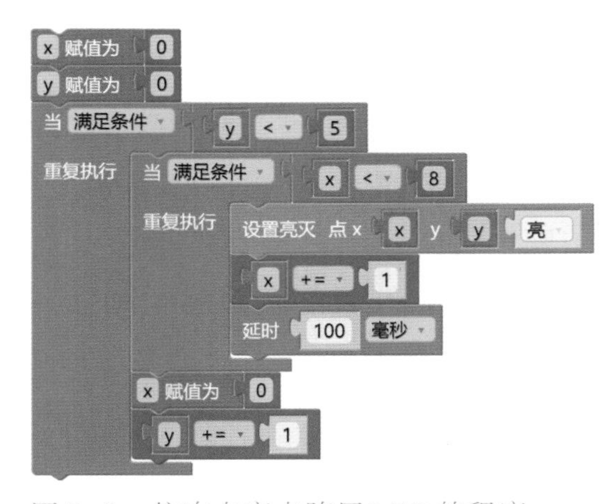

图5-5　依次点亮点阵屏LED的程序

5.6　拓展任务

在本课中，我们学会了如何使用变量和循环嵌套来创建动态的流水灯效果。现在，让我们进一步挑战自己，请你再想想，还可以用什么样的形式来点亮点阵屏？

尝试设计不同的灯光显示模式。例如，创建一个模式，使灯光像波浪一样流动；或者设计一个使灯光在不同方向跳动的模式。

请你先在图5-6所示的MixGo ME开发板上画出你的想法，再通过编程把它们实现。

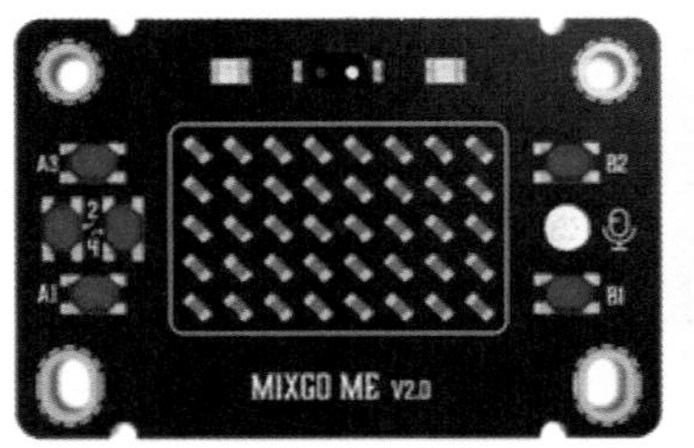

图5-6　在MixGo ME开发板上画出想法

5.7　交流思考

如图5-7所示，请你思考，如何调整程序可以实现点阵屏上的LED逐列依次点亮？

图5-7　点阵屏逐列点亮示意

5.8　知识拓展

老式电视机的扫描显示

早期的电视机通常采用显像管将电子发射到屏幕上，显像管通过控制电场和磁场来控制电子发射到屏幕上的位置，通过电子的强弱来改变屏幕显示的光亮变化。

显像管内的电子束并不是同时打在屏幕上的每一个位置，而是逐点、逐行打在屏幕上，如图5-8所示。扫描速度较快，而人眼又有视觉暂留效应，因此人眼感觉画面内容是一起显示出来的。

图5-8　老式电视机的扫描显示

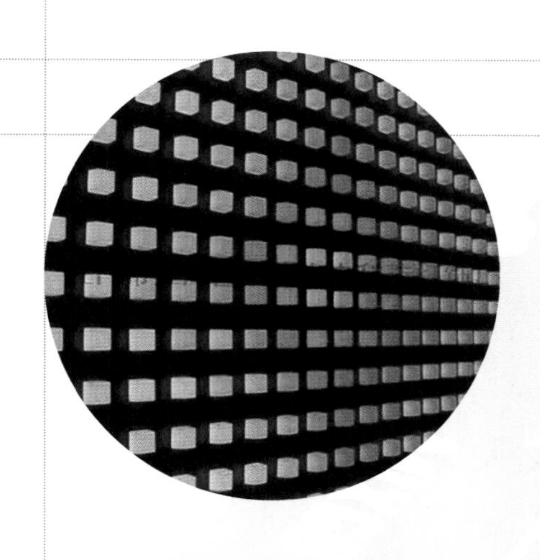

第二单元　绚丽七彩灯

RGB灯可以发出红、绿、蓝3种基色光，通过它们的组合创造出多样的色彩。在这个单元中，我们将踏上一场探索彩灯奇妙世界的旅程。我们将学习如何通过编程精确控制彩灯的亮度和色彩，将普通的灯光变成令人瞩目的艺术作品。

想象一下，彩灯跟随着你的编程指令呼吸般地变化着，或是随机在数百种色彩中切换，甚至随着音乐的节拍同步闪烁，带来精彩的表演。这个单元将使彩灯成为你创意表达的画布。现在，让我们一起开启这段绚丽多彩的旅程，用编程点亮世界，展现你的创意和想象力吧！

第 6 课　彩灯的奥秘

彩灯总是能在特殊的时刻为我们增添欢乐与惊喜。它们在节日的庆典中、在表演舞台上发出光彩，营造出令人难忘的视觉奇观。你有没有想过，这些彩灯是如何绽放出如此绚烂多彩的光芒的呢？在这一课中，我们将探索彩灯背后的秘密，学习如何通过编程来控制 RGB 灯。

无论是营造柔和的呼吸灯效果，设计出随机变换颜色的灯光装置，还是创造与音乐节奏同步的灯光秀，彩灯都是你实现创意的伙伴。准备好了吗？让我们一起揭开彩灯的神秘面纱，用编程点亮这个多姿多彩的世界！

6.1 学习目标

- 了解 RGB 灯的显色原理和 RGB 颜色模式；
- 掌握编程控制 RGB 灯亮不同颜色的方法。

6.2 发布任务

本课的任务是利用 MixGo ME 开发板上的 RGB 灯创造出令人惊艳的灯

光展示。从呈现简单的一种颜色，到后面学习的营造渐变的彩虹效果，再到设计与音乐同步跳动的灯光，你将一步步学习如何将编程与艺术融合，打造出属于你的灯光艺术作品。

6.3 知识学习

1. RGB灯

MixGo ME开发板的正面有两个RGB灯。不同于颜色单一的LED，RGB灯可以通过程序控制其中红色、绿色和蓝色的分量，经过叠加形成各种颜色。每种颜色分量的取值范围为0~255。

2. RGB颜色模式

RGB颜色模式由三原色的混合原理发展而来，如图6-1所示，RGB分别代表红色（Red）、绿色（Green）和蓝色（Blue）。该模式下，每个像素在每种颜色上可以负载2的8次方（256）种亮度级别，这样，3种颜色通道合在一起就可以产生256的3次方（1670多万）种颜色，理论上可以还原自然界中存在的大部分颜色。

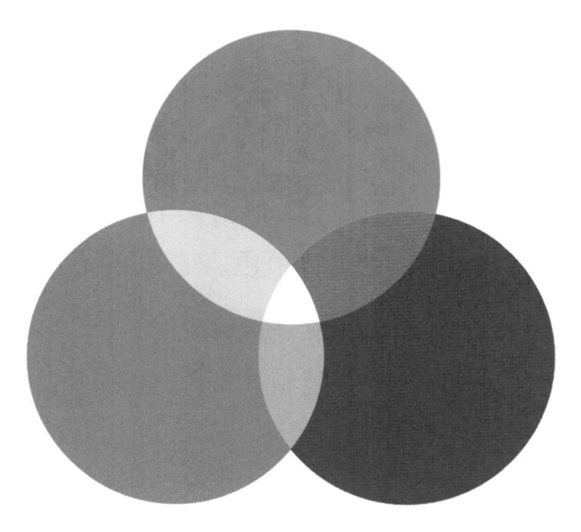

图6-1　RGB颜色模式

6.4 编程思路

当程序开始运行后，RGB灯先亮绿色，保持3秒；然后亮黄色，保持

1秒；最后亮红色，保持2秒，流程如图6-2所示。

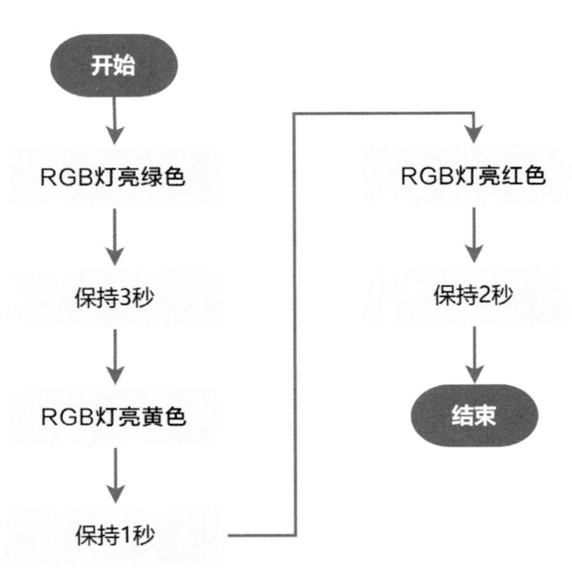

图6-2　彩灯的奥秘流程

6.5　编程实现

1. 认识程序块

（1）设置RGB灯灯号、颜色 RGB灯 灯号 0 R值 0 G值 0 B值 0

设置RGB灯灯号、颜色程序块位于“板载执行”类别中，使用该程序块可以控制RGB灯亮各种各样的颜色。其中灯号0表示MixGo ME开发板左侧的RGB灯，灯号1表示MixGo ME开发板右侧的RGB灯。我们可以通过改变R值、G值、B值来控制最终合成的颜色，它们的取值范围为0~255。

（2）设置RGB灯颜色 RGB灯 R值 0 G值 0 B值 0

设置RGB灯颜色程序块位于“板载执行”类别中，使用该程序块可以同时控制两个RGB灯亮同一种颜色。

（3）RGB灯生效 RGB灯 生效

RGB灯生效程序块位于“板载执行”类别中，在设置RGB灯不同颜色的亮度值后，需要用该程序块实现显色。

2. 编写程序

编写程序实现RGB灯的颜色变化，如图6-3所示。

```
当 满足条件 真
重复执行
    RGB灯 R值 0 G值 255 B值 0
    RGB灯 生效
    延时 3 秒
    RGB灯 R值 255 G值 255 B值 0
    RGB灯 生效
    延时 1 秒
    RGB灯 R值 255 G值 0 B值 0
    RGB灯 生效
    延时 2 秒
```

图6-3　RGB灯颜色变化的程序

将程序上传到MixGo ME开发板后，观察RGB灯的颜色变化效果。

6.6　拓展任务

在本课中，我们已经掌握了基本的彩灯控制技巧，请你利用两个RGB灯模拟交通信号灯的运作。

提示：创造一个简单的交通信号灯变换逻辑。例如，一个RGB灯亮红色时，另一个RGB灯显示绿色，模拟十字路口的一边车辆停止、另一边车辆行驶的状态。

6.7　知识拓展

颜色模式只有RGB颜色模式吗?

颜色模式是将某种颜色表现为数字形式的模型，常见的颜色模式有RGB颜色模式、CMYK颜色模式等。

RGB颜色模式是我们使用最多、最熟悉的颜色模式，一般用于显示类设备对颜色的描述。

CMYK颜色模式是一种应用相减原理的色彩系统，如图6-4所示。它的颜色来源于反射光线。当所有的颜色叠加在一起时会产生黑色，当没有任何颜色加入时为白色。CMY是色料三原色，分别是青（Cyan）、品红（Magenta）和黄（Yellow），利用油墨对光的吸收、透射和反射，产生不同的颜色。一般我们看到的印刷品的颜色，是经过了色料减色和色光加色两个过程的结果。油墨首先吸收一部分照明光，同时反射不能吸收的部分，这些反射出来的色光再相互混合，最后以混合光的形式进入人眼，在大脑中形成相应的颜色。理论上等量的色料三原色混合后会产生黑色，但是油墨本身的纯度不能达到理论上的极限值，CMY等量混合后的颜色一般是深灰色，因此再增加一个独立的黑色（K），共同组成CMYK系统。

图6-4　CMYK颜色模式

第 7 课　七彩呼吸灯

在现代生活中，手机不仅是我们与世界沟通的桥梁，也是技术创新的缩影。不知你是否注意到，有些手机在通知到来时会闪烁着柔和而有节奏的光芒，就像在呼吸一样，这就是手机的呼吸灯效果。在本课中，我们将了解呼吸灯的原理，并用编程技巧使RGB灯展现出类似的效果。

让我们一起开始这段探索之旅，通过编程控制灯光亮度和颜色发生变化，创造一个七彩呼吸灯。

7.1　学习目标

- 了解模拟输出，并能应用模拟输出控制RGB灯的亮度；
- 能应用计数循环实现RGB灯的呼吸渐变。

7.2　发布任务

在本课中，我们要编写程序控制RGB灯的亮度和颜色发生变化，设计出一种仿佛呼吸般的生动的光效。当程序启动时，RGB灯将逐渐变亮，然后再逐渐变暗，模拟呼吸的节奏。同时，尝试不同的颜色组合，让这款呼吸灯展现你的个性和创造力。

7.3 知识学习

呼吸灯的原理

呼吸灯效果是一种常见的灯光效果，通过逐渐增加和降低亮度，使灯光模拟人类呼吸的节奏，带来动态的视觉体验。在编程中，这种效果是通过控制RGB灯的亮度值实现的，利用延时程序块或定时器按预设的时间间隔和亮度变化步长，逐步调整亮度值，使灯光呈现出渐变效果。呼吸灯效果可以增加灯光的柔和感和生动感，为创意编程项目增添一份魅力。

7.4 编程思路

呼吸灯的渐亮渐灭是通过不断改变RGB灯的亮度值来实现的。让RGB灯的亮度值从0逐渐增加，就实现了渐亮的效果；同理，当RGB灯达到最亮后，亮度值逐渐降低，就实现了渐灭的效果，本次设计的七彩呼吸灯流程如图7-1所示。

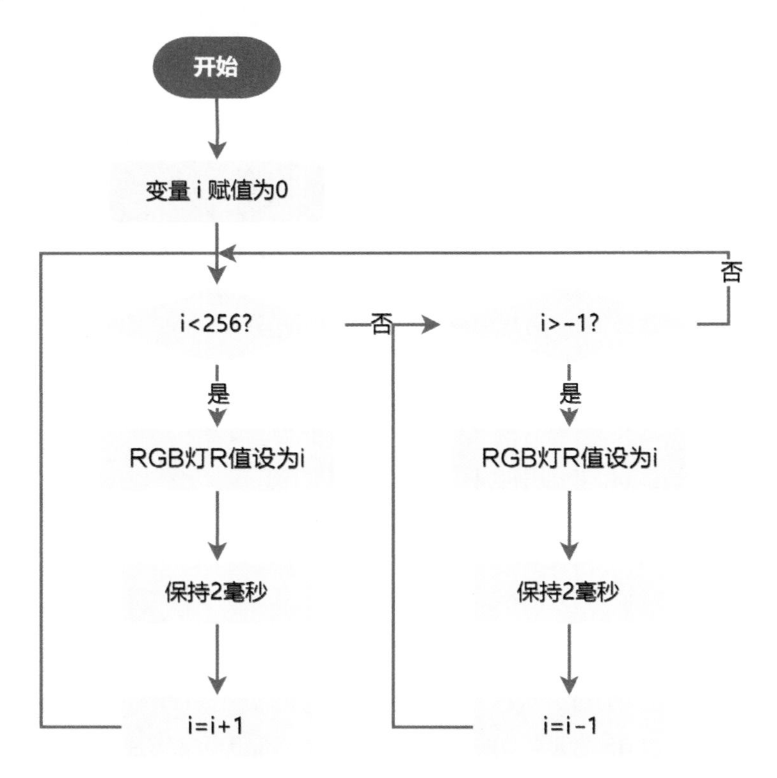

图7-1 七彩呼吸灯流程

7.5　编程实现

1. 认识程序块

计数循环

计数循环程序块位于“控制”类别中，使用该程序块可以重复执行某段程序若干次。注意，使用该程序块时，序列的起点为可取值，而终点是不可取值。比如，生成序列从0到5，间隔为1，那么i的值依次为0、1、2、3、4，而终点值5是取不到的。

2. 编写程序

使用计数循环程序块实现R值从0增加到255，间隔为1，每个R值维持2毫秒；当亮度达到最大值（255）后，从255依次减小，因此间隔为-1，程序如图7-2所示。

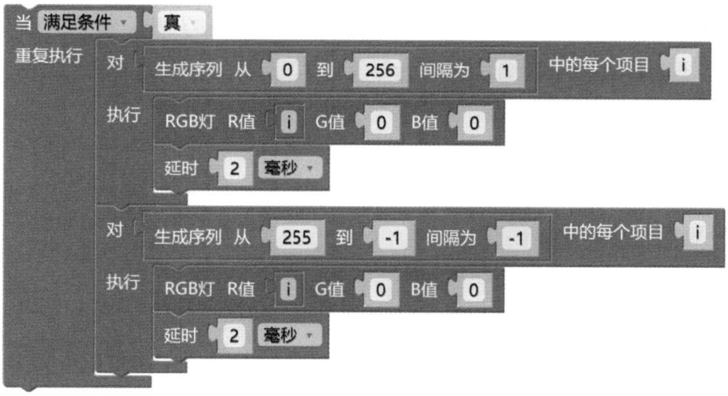

图7-2　七彩呼吸灯的程序

上传程序后，请你描述这个程序产生的效果。

7.6 拓展任务

除了可以使用RGB灯实现呼吸灯效果，也可以使用LED点阵屏实现呼吸灯效果，请你结合前一单元的内容，尝试在创意流水灯的基础上增加呼吸效果。

提示：尝试使用不同的灯光颜色和呼吸模式。例如，你可以让灯光在一系列颜色之间平滑过渡，或者模拟自然界的色彩变化，如晨曦或黄昏。

让你的呼吸灯能响应外部输入，如声音或触摸，让灯光随着音乐的节奏或你的触摸而变化，制作出一个互动的灯光装置。

7.7 交流思考

如果你学过C语言或者Python语言编程，那么你对本课所学的计数循环一定有种似曾相识的感觉。其实这里的计数循环就是for循环。for循环与do...while循环在很多情况下可以互相通用。请你跟同学们交流，图7-2所示的程序如果改成用do...while循环的结构，该如何编写程序?

7.8 知识拓展

彩灯与情绪

彩灯和人的情绪之间存在着紧密的联系，不同颜色的光线会对我们的情绪产生不同的影响。研究这种现象的学科被称为颜色心理学，它研究了颜色与人的情绪、行为和心理状态之间的关系。

红色是一种充满活力和激情的颜色，它常常被用来表达爱、热情和动力。红色的光线能够增加心率和血压，让人们感到兴奋和充满活力。

橙色是一种温暖的颜色，它能够带给人们愉悦的感觉。橙色的光线有助于人们放松神经，缓解压力和焦虑。

黄色是一种阳光明媚的颜色，它让人们感到快乐和轻松。黄色的光线能够提高人们的注意力和专注力，有助于思考和创造。

绿色是一种平和安宁的颜色，它能够带给人们内心的平静和放松。绿色的光线有助于缓解紧张，让人们感到安心。

蓝色是一种冷静和冷清的颜色，它常常被用来表达冷静和深思。蓝色的光线能够降低心率和血压，帮助人们放松和休息。

紫色是一种神秘和浪漫的颜色，它能够唤起人们对未知和幻想的向往。紫色的光线有助于提高人们的创造力和想象力。

因此，在设计彩灯效果时，我们可以根据不同的情境和需要选择不同的颜色，让彩灯成为情绪的表达者和心情的引导者。在家居装饰、音乐场景等各种应用中，彩灯都能通过颜色和亮度的变化，为人们带来不同的情绪体验和心情享受。

第 8 课　随机变色灯

随着科技的发展，彩灯已成为我们日常生活中一道独特的风景，它们发出的绚丽多彩的光效装饰着我们的生活空间。想象一下，能否通过随机数让彩灯产生无穷无尽的色彩变化呢？

在本课中，我们将学习如何利用按钮和随机数程序块让RGB灯随机变换颜色，每一次按下按钮都伴随着惊喜和期待。这不仅是一次对编程知识的探索，也是一次对色彩和光影魅力的追求。让我们一起开始这趟创意之旅，让编程与艺术在彩灯中完美融合！

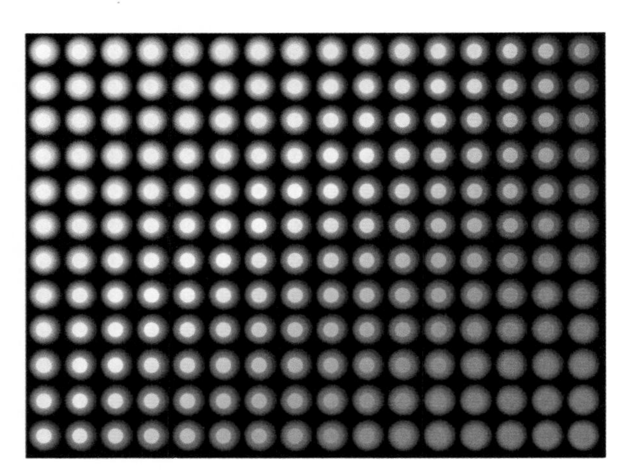

8.1　学习目标

- 能通过编程产生随机数；
- 能够监测按钮被按下的状态，并执行相应的动作。

8.2　发布任务

在本课中，我们将通过编程让RGB灯展现出多彩的变化，按下按钮，RGB灯就会随机切换颜色。让我们开始打造充满变化和惊喜的灯光效果吧！

8.3 知识学习

程序块样式调整

在使用Mixly编写程序时，如果程序块经过叠加，就会变得很长，在阅读时也不太方便，如图8-1所示。

图8-1　较长的程序块

其实我们可以通过改变程序块样式的方式进行调整，在程序块上单击鼠标右键，选择“外部输入”，如图8-2所示，然后这个程序块就会变成图8-3所示的效果，方便阅读。

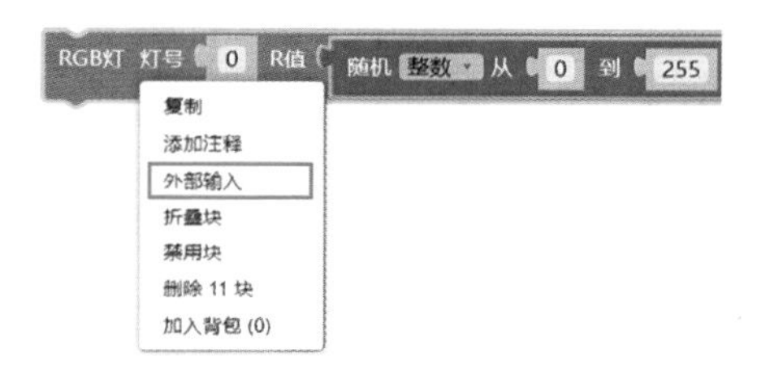

图8-2　选择“外部输入”

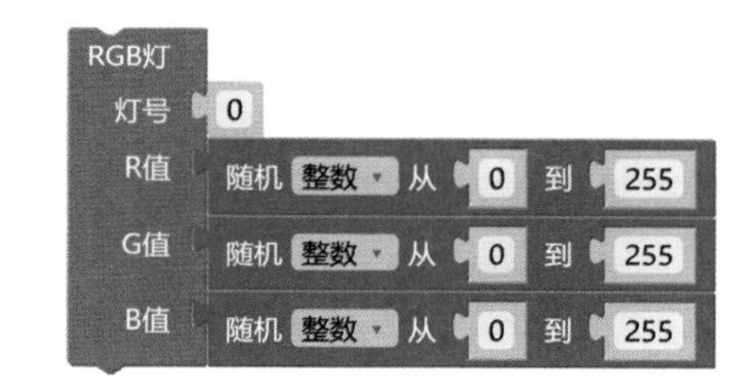

图8-3　程序外部输入的显示效果

8.4 编程思路

当按钮A1被按下时，0号RGB灯亮随机颜色并保持100毫秒，重复5次；当按钮A2被按下时，1号RGB灯亮随机颜色并保持100毫秒，重复5次，流程如图8-4所示。

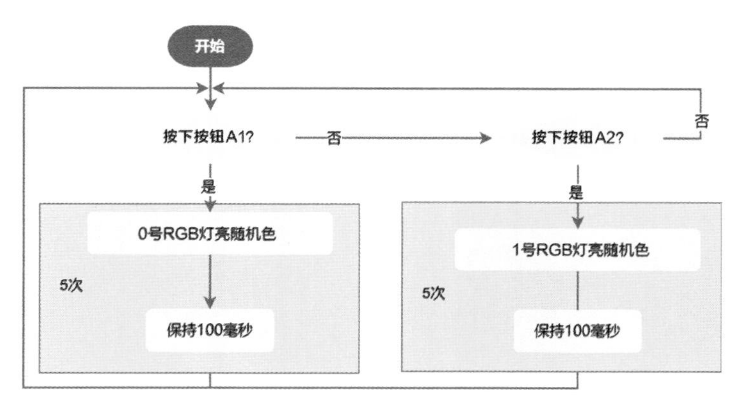

图8-4　随机变色灯流程

8.5 编程实现

编写程序

使用如果……执行程序块和计数循环程序块、随机数程序块编写程序，程序如图8-5所示。

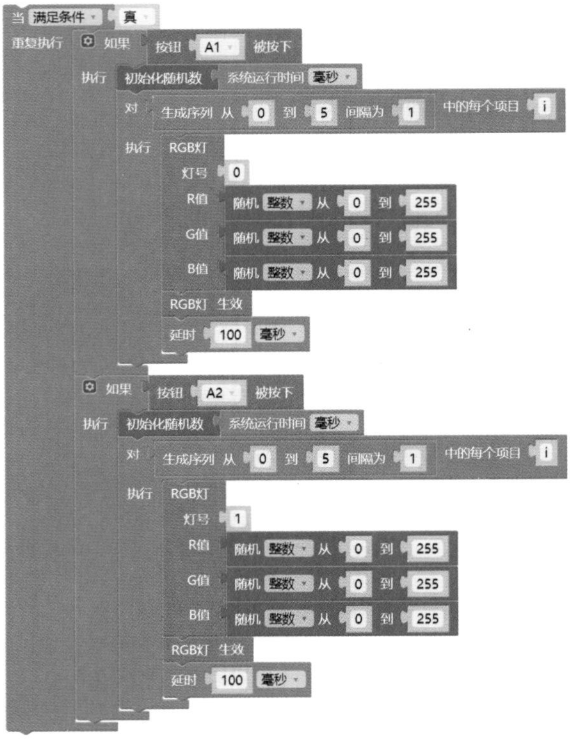

图8-5 随机变色灯的程序

8.6 拓展任务

在本课中，我们已经掌握了如何让RGB灯随机变换颜色。现在，让我们进一步拓展这个项目，增加随机性和创造性。

灯光亮度的随机变化：尝试让灯光的亮度也随机变化，产生更加丰富和动态的视觉效果。

闪烁频率的随机调整：让灯光的闪烁频率也成为随机的元素，不同的闪烁频率可以营造不同的氛围。

组合多种效果：将颜色、亮度和闪烁频率的随机变化结合起来，设计出复杂的灯光秀。你可以尝试创建一些特定主题的灯光效果，比如模拟夏天的夜空、夜晚的城市。

8.7 交流思考

在编程中，随机数赋予了程序不确定性和不可预测性，这种特性在我们的日常生活中也很广泛，请思考以下问题。

- 在哪些日常生活场景中，随机数扮演着重要角色？
- 在游戏、艺术创作，甚至是日常决策中，随机性是如何影响结果和体验的？
- 如何在编程和技术创新中，合理利用随机数？

8.8 知识拓展

城市灯光秀

近年来，城市灯光秀（见图8-6）已经成为了很多现代城市的夜景亮点，不仅美化了城市的夜晚，还成为城市文化的新标志。

在城市灯光秀中，建筑物的立面上被装饰以大量的彩灯，这些彩灯通过精心设计的控制系统协调运作，形成统一而动态的主题画面，它们不断变换颜色和亮度，营造出或柔和或跳动的灯光效果，带来炫目的视觉效果。灯光秀呈现出活力和创造力，是技术和艺术的结合，它不仅展示了先进的灯光控制技术，还体现了设计师对色彩和光影的深刻理解。

图8-6　城市灯光秀（图片来源：新华社）

第 9 课　音乐灯光师

音乐，是人们生活中不可或缺的一部分，总能激起我们情感的波澜。每个音符、每段节奏都有其独特的魅力，带给我们深刻的情感体验。想象一下，如果让彩灯随着音乐的律动而变化，那将会是一场视觉与听觉的双重盛宴。

在这一课中，我们将探索如何通过编程使RGB灯的光效与音乐的响度同步，让开发板变身为音乐灯光师。我们将使用声音传感器来捕捉音乐，让RGB灯随着音乐的强弱变换颜色，从而创造出一种全新的艺术形式。准备好了吗？让我们一起踏上这趟创意之旅吧！

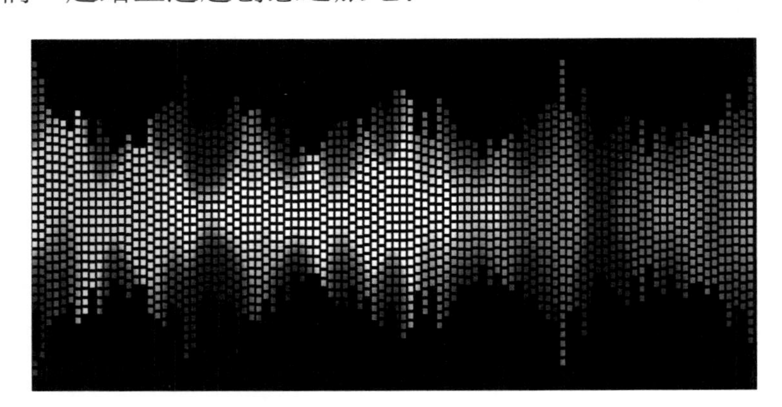

9.1　学习目标

- 了解声音传感器的工作原理；
- 能使用串口监视器查看声音传感器监测到的数值；
- 能利用声音传感器监测到的数值控制RGB灯亮不同的颜色。

9.2　发布任务

在本课中，我们的任务是利用声音传感器和RGB灯打造一款创新的音乐灯光师。通过我们的编程，RGB灯将能够响应环境中的音乐响度，如同舞者一般，随着音乐的起伏变换色彩，呈现出与音乐节奏同步的灯光效果。

9.3 知识学习

1. 声音传感器

声音传感器的原理是基于声波的传播和振动。当声波传播到声音传感器的感应区域时，会导致传感器内部的振动，从而产生电信号，其幅度与传感器收到的声音响度成正比。

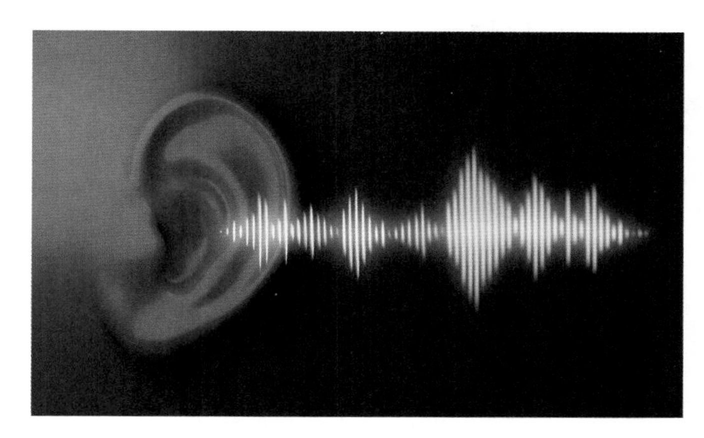

图 9-1　声音的响度

2. 声音的响度

声音的响度是人耳感受到的声音强弱，它是人对声音大小的一个主观感觉量，如图 9-1 所示。响度的大小取决于声音接收处的振幅，就同一声源来说，传播得越远，响度越小；当传播距离一定时，声源振幅越大，响度越大。

9.4 编程思路

根据播放音乐的响度，让RGB灯亮不同的颜色，流程如图 9-2 所示。

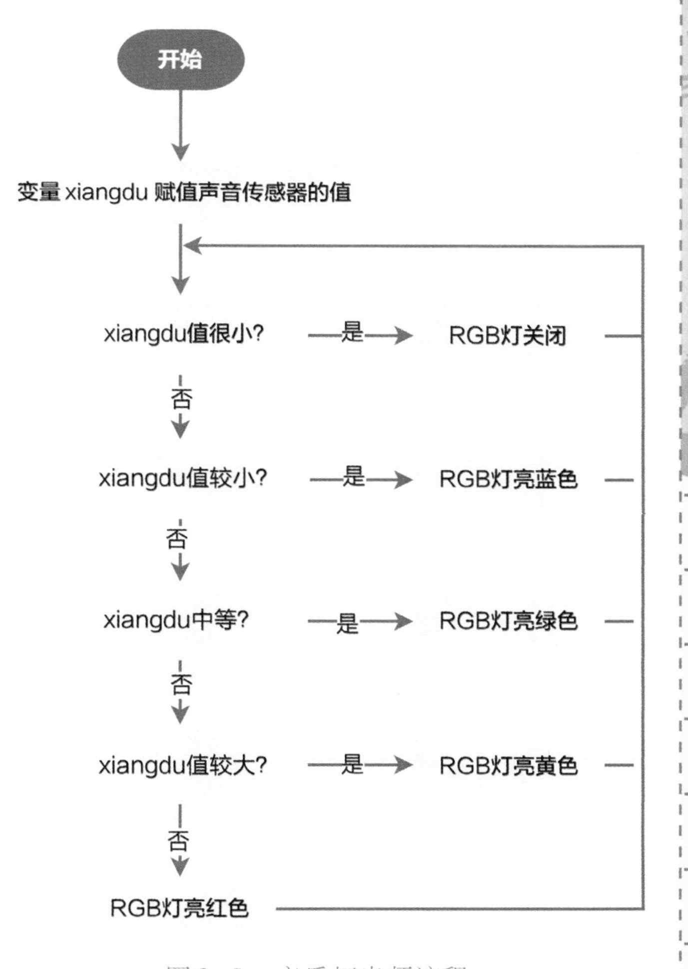

图 9-2　音乐灯光师流程

9.5 编程实现

1. 认识程序块

获取声音传感器的值 获取声音传感器的值

获取声音传感器的值程序块位于“板载传感”类别中，使用该程序块可以获取声音传感器监测到的响度值，该值的范围为0~65535，声音越大，返回的响度值越大。

2. 编写程序

先通过串口将声音传感器获取到的声音响度值打印出来，程序如图9-3所示，用手机或者计算机播放音乐，观察声音响度值的范围。

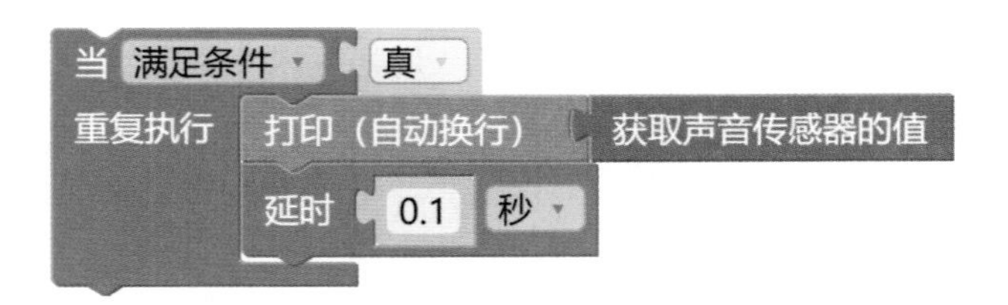

图9-3　打印声音响度值的程序

打开串口监视器，在串口可视化窗口中可以查看声音传感器监测到的声音响度值，如图9-4所示。

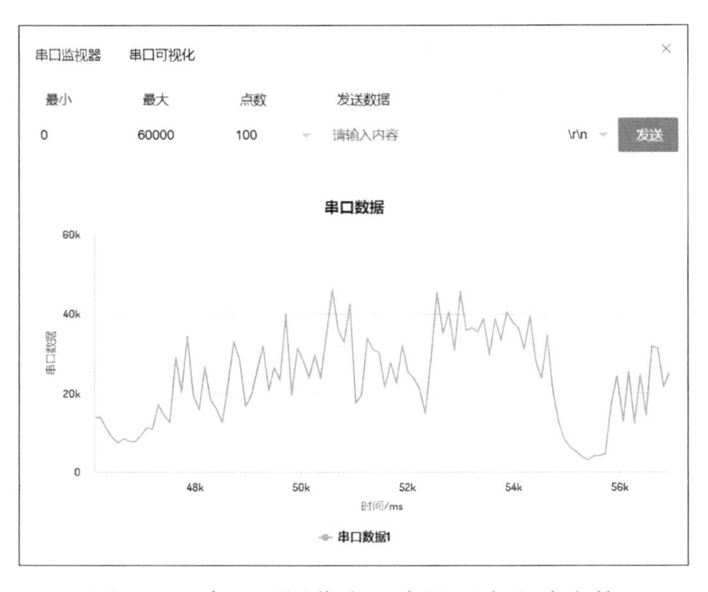

图9-4　串口可视化窗口中显示声音响度值

请你也播放几段不同的音乐，并监测对应的声音传感器的值，然后填写表9-1。

表9-1　不同音乐对应的声音传感器的值

音乐情况	安静状态	播放较轻的音乐	播放较响的音乐	播放很响的音乐
声音传感器的值				

接下来，请你根据不同声音对应的响度值，补充图9-5所示的程序，让RGB灯在不同响度范围亮不同的颜色。

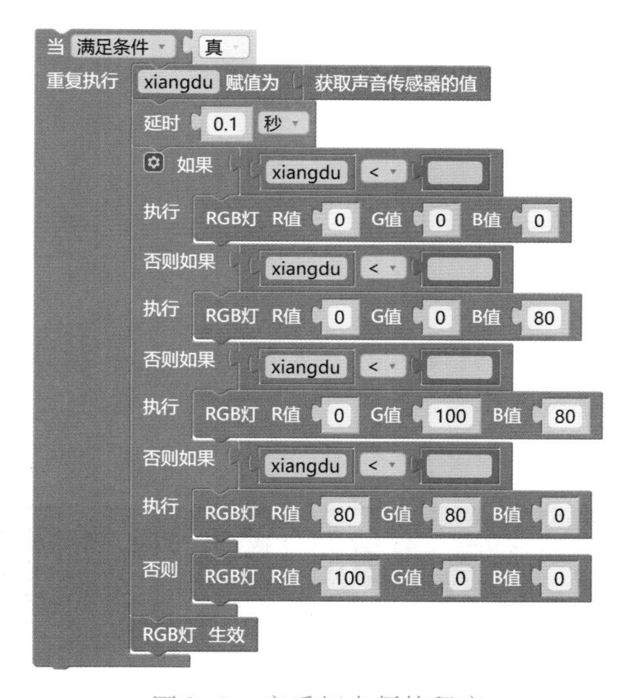

图9-5　音乐灯光师的程序

9.6　拓展任务

请为音乐灯光师设计更多独特的光效，试着添加不同的颜色组合来表达音乐，也可以考虑使用不同的光效来表现音乐的不同情绪和风格，让你的作品更有艺术感。

9.7　交流思考

在本课中，我们通过音乐的响度来控制RGB灯的颜色变化，当音乐响度较小时，我们使用了冷色；当音乐响度较大时，我们使用了暖色。冷暖色一般可以与人的情绪是否紧张相联系。

请你再想想，音乐除了响度外，还有哪些因素可以影响人的情绪？如何将这些因素融入我们的灯光设计中，使灯光不仅能反映音乐的动态，还能表达音乐所传达的情感和故事？

9.8 知识拓展

音乐均衡器

在播放音乐时，我们常看到画面五颜六色的音乐均衡器，如图9-6所示，它以可视化的方式展示音频信号的频谱特征。那么，这种可视化效果是如何实现的呢？

图9-6 音乐均衡器画面

在音频信号中，不同频率的声音具有不同的能量。音乐均衡器通过频谱分析将音频信号分解为一系列频带，通常是数十个或数百个频带，每个频带代表一段特定的频率范围，并根据每个频带的能量水平调整其振幅，从而改变不同频率范围内音乐的音量。音乐均衡器为每个频带分配一种颜色，并以柱状图或条形图的形式显示出来。

第三单元　探秘加速度传感器

在这个单元中，我们将踏上一段探索加速度传感器的旅程。加速度传感器，这种能够精准捕捉物体加速度变化的小巧设备，为编程的世界带来无限可能。想象一下，使用这个传感器，我们能够制作出极为精确的水平仪，设计出智能且响应迅速的倾角仪，甚至监测物品在运输过程中的动态变化。

本单元不仅会带你了解加速度传感器的工作原理和广泛应用，还会引导你动手设计一系列既有趣又具交互性的项目。从理论到实践，从简单到复杂，我们将深入探索加速度传感器的奥秘。准备好了吗？让我们一起开启这段激动人心的探索之旅，用创意与技术揭开加速度传感器的神秘面纱！

第 10 课　川剧大变脸

川剧变脸是一项神奇的艺术，演员迅速更换面具，令人物表情瞬间变化，给观众带来惊喜和震撼。现在，让我们利用加速度传感器和点阵屏，融入编程的力量，体验这种迷人的传统艺术。想象一下，通过简单几步，就能让点阵屏如同川剧演员一般，变换出各种戏剧性的表情。

（图片来源：新华网）

10.1　学习目标

- 了解加速度传感器的工作原理；
- 掌握读取加速度传感器数值的方法；
- 能分析加速度传感器输出的值，并由此判断物体的状态；
- 能利用加速度传感器监测物体的不同状态。

10.2　发布任务

在本课中，我们的任务是利用加速度传感器监测开发板的晃动情况。当我们晃动开发板时，点阵屏上显示的表情会瞬间变换。在学习加速度传感器的原理和编程控制技巧的同时，体验川剧变脸的独特魅力。准备好了吗？让我们一起挥动手臂，变换表情吧！

10.3　知识学习

加速度传感器

加速度传感器是一种常见的电子设备，用于测量物体在3个方向上的加速度，如图10-1所示。它可以感知物体的加速度变化，并将这些数据转化为电信号输出。加速度传感器在许多领域有广泛的应用，包括移动设备、运动追踪、汽车安全等。在本项目中，我们将利用加速度传感器来监测MixGo ME开发板的晃动情况，从而实现点阵屏上表情的切换。

加速度传感器在创意编程中提供了丰富的可能性，可以与其他硬件设备结合，创造出各种有趣的互动效果。我们可以在编程项目中灵活运用，为作品增添更多的创意和趣味性。

图10-1　加速度传感器

10.4　编程思路

先定义一个表情元组，在元组内可以存放多个表情，当监测到晃动时，点阵屏随机显示表情元组中的一项，流程如图10-2所示。

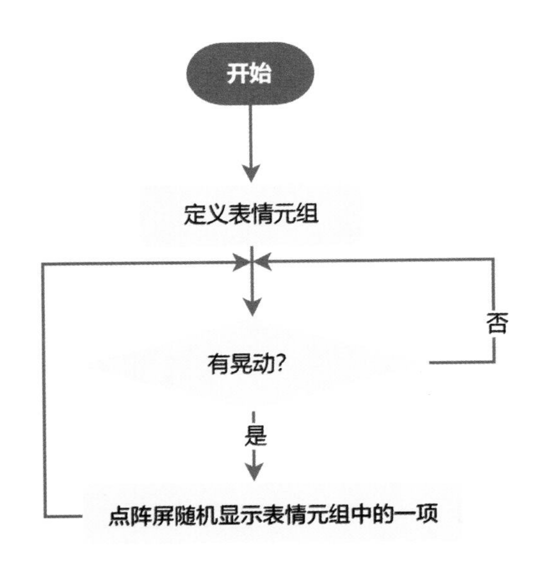

图10-2　川剧大变脸流程

10.5　编程实现

1. 认识程序块

获取加速度 获取加速度 (g) x

获取加速度程序块可以选择读取的加速度方向为x、y、z和（x,y,x），不同方向的数值代表开发板在不同方向上的加速度值。

2. 编写程序

（1）读取加速度传感器的数值

利用串口将加速度值打印出来，程序如图10-3所示。请你将MixGo ME开发板按表10-1所列出的姿态摆放，读取x、y、z方向上的加速度读数，并描述MixGo ME开发板的姿态与各方向加速度之间的关系。

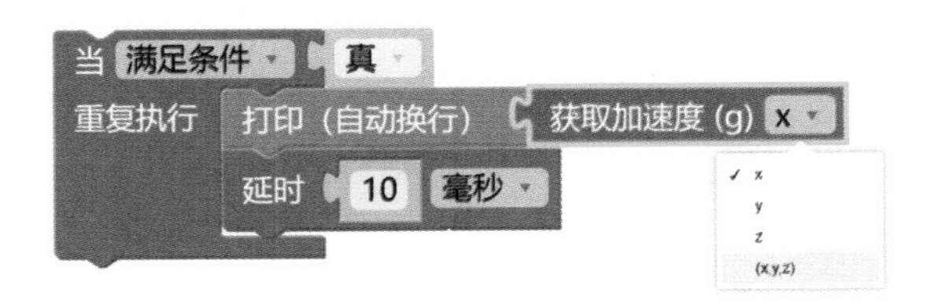

图10-3　串口打印加速度值的程序

表10-1　MixGo ME开发板不同姿态的加速度读数

姿态	*x*方向读数范围	*y*方向读数范围	*z*方向读数范围
正面朝上			
正面朝下			
正面朝上且左倾			
正面朝上且右倾			
正面朝前			
正面朝后			
正面朝前且前倾			
正面朝前且后仰			

打开串口监视器，切换到串口可视化窗口，设置数值最小为-5，最大为5，然后观察在不同的运动姿态中，x、y、z 3个方向的加速度值，如图10-4所示，将数据的变化情况填入表10-2中。

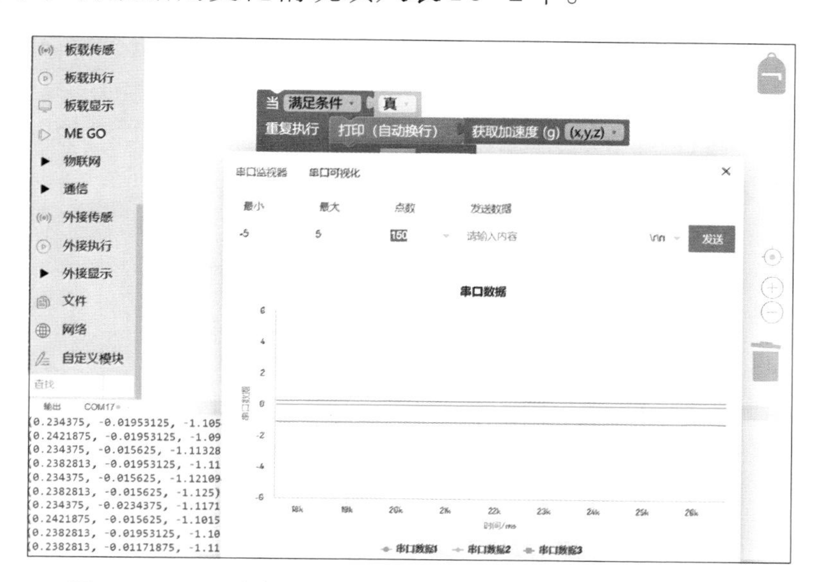

图10-4　通过串口可视化窗口查看3个方向的加速度值

表10-2　不同运动方式对应的加速度值变化

运动方式	*x*、*y*、*z*方向上加速度值的变化
正面朝上，水平左右运动	
正面朝前，水平左右运动	
正面朝前，竖直上下运动	

（2）编写变脸程序

将多个表情存储在表情元组内，当MixGo ME开发板监测到x方向上有较大的加速度变化时，切换表情，程序如图10-5所示。

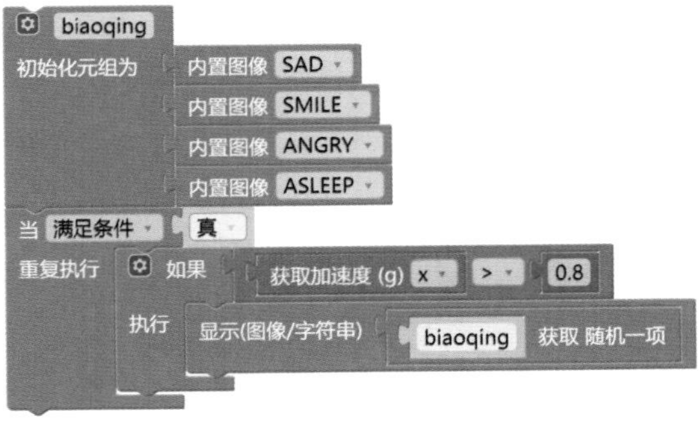

图10-5　变脸的程序

10.6　拓展任务

除了变脸，我们用同样的原理还可以创造更多有趣的互动项目。挑战自己，设计一个电子骰子，晃动开发板，点阵屏会随机显示不同的点数（见图10-6）。尝试编程实现这个电子骰子，让开发板在每次晃动时都带来新的数字，增添游戏的乐趣和不确定性。

图10-6　骰子的点数

10.7　交流思考

请你跟同学们讨论加速度传感器的其他有趣应用，与大家分享你的想法，一起探索这项技术可以如何运用在不同的创意互动作品中。比较各自的想法，看看谁能提出最新颖和有趣的应用。

10.8　知识拓展

智能手机中的加速度传感器

智能手机中往往装有加速度传感器，帮助智能手机实现多种人性化功能。智能手机中的加速度传感器可以用来计步、判断手机朝向、监测手机晃动等，在游戏（见图10-7）、导航、运动计步等方面带给人们更好的体验。

图10-7　应用加速度传感器的游戏

第 11 课　智能水平仪

在日常生活中，我们经常需要确保物体水平摆放，例如固定挂画或安装家具。传统的水平仪可以通过水准泡直观显示物体是否水平，不过想一想，我们是否可以利用编程和传感器来制作一个智能水平仪呢？在这一课中，我们将继续发掘加速度传感器的独特功能，并利用它精确测量物体的倾斜程度，打造一个现代化的智能水平仪。

11.1　学习目标

- 了解加速度传感器在电子产品、专业设备中的应用；
- 能通过分析加速度传感器的值，判断物体的水平、竖直状态；
- 了解常见的水平监测方法。

11.2　发布任务

在本课中，我们的目标是使用加速度传感器制作一个智能水平仪，它可以迅速判断物体是否水平放置。我们将收集加速度传感器的值，并通过编程来评估水平状态。无论是装饰摆设还是建筑施工，这个自制水平仪都将成为你的得力助手。

11.3　知识学习

什么是水平?

水平是一个物体或表面相对于水平面的状态或位置。在水平状态下，物体或表面的上部和下部相对水平面保持平行。水平是一个基本的几何概念，常用于描述地理、建筑、工程、制造等领域中的位置和方向。

11.4　编程思路

获取水平方向（x方向）的加速度，并根据其大小显示“√”或者“×”，分别对应水平和不水平，流程如图11-1所示。

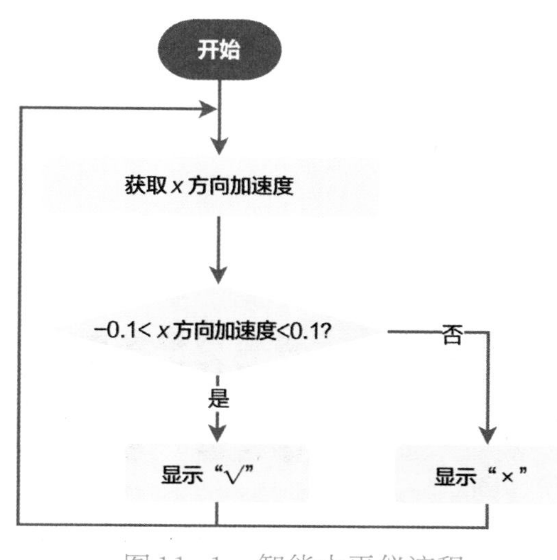

图11-1　智能水平仪流程

11.5　编程实现

1. 认识程序块

数值介于 0 < x < 2

常见的比较运算有大于、小于、等于、大于等于、小于等于这几种，但为了使用方便，常常还需要使用介于。介于需要同时满足两个条件，比如x大于0且小于2。

2. 编写程序

根据第10课的学习，我们了解到，当MixGo ME开发板被放在水平面上时，其x方向的加速度读数接近于0。当MixGo ME开发板被左右倾斜时，x方向的读数会发生变化。

请你探究，当x方向的读数介于什么范围时，可以认为该平面已经达到水平状态？

当MixGo ME开发板监测到（近似）水平时，在点阵屏上显示“√”，否则显示“×”，程序如图11-2所示。

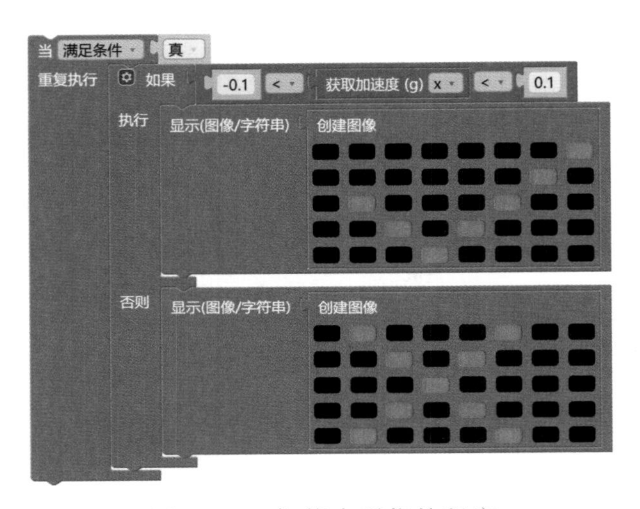

图11-2　智能水平仪的程序

11.6　拓展任务

博物馆内展出的物品一般比较贵重，在搬运时要求必须平稳搬运，如果出现过大的晃动可能会使贵重物品损坏。请你帮助博物馆工作人员设计一个平稳搬运的提醒器，当物品的倾斜角度超过设定的阈值时，触发警报，蜂鸣器发出声音，提醒工作人员。设计提示如下。

设定倾斜阈值：首先确定物品搬运时可以接受的最大倾斜角度。这个角度应足够小，以确保物品的安全；但也要有实用性，考虑到正常搬运时的微小摆动。

编程监测倾斜角度：使用加速度传感器来测量物体的实时倾斜角度。编写程序，当监测到倾斜角度超过预设阈值时，触发警报。

蜂鸣器警报系统：将蜂鸣器与加速度传感器的输出相连。当传感器监测到过度倾斜时，通过程序使蜂鸣器发出警报声。

测试与优化：在实际条件下测试你的提醒器，确保它在倾斜角度超出阈值时发出警报声。根据测试结果调整阈值和警报系统，以提高提醒器的准确性和可靠性。

11.7　交流思考

除了监测物体是否水平，监测其是否保持竖直同样重要，尤其在建筑、艺术装置及工程应用中。让我们一起深入探讨如何修改程序，使MixGo ME开发板不仅能监测水平状态，还能准确测量物体的竖直状态。

提示：首先明确什么是物体的竖直状态。在物理学中，竖直通常是指与地球重力方向相同的状态。探讨如何通过加速度传感器来测量这种状态。

思考如何通过程序读取加速度传感器的值来判断竖直状态。考虑哪些方向（x、y、z方向）的数据对于监测竖直状态最为关键。

11.8　知识拓展

多种水平监测的方法

（1）水平仪

水平仪是一种简单而直观的测量仪器。水平仪之所以可以用来监测物体是否水平，是因为它基于液体在重力作用下的自动调平原理，如图11-3所示。

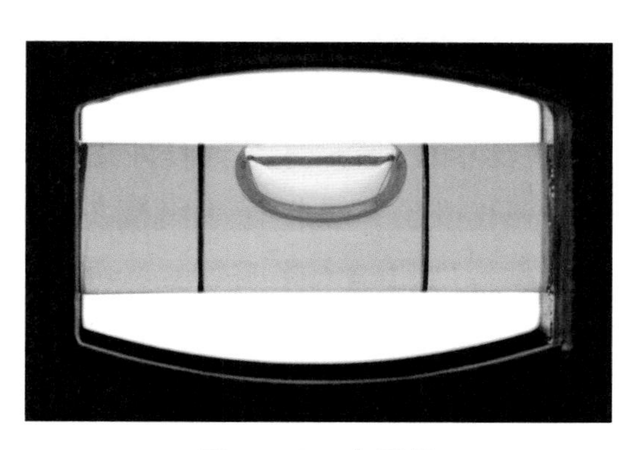

图11-3　水平仪

水平仪通常包括一个带有液体（通常是酒精或水）和水准泡的透明管状结构。当水准泡位于管状结构的中心位置时，表示物体是水平的。这是因为在水平状态下，液体在重力作用下均匀分布，使水准泡浮在液体的中间。如果物体倾斜，液体会倾斜，水准泡会向高处移动，指示出倾斜的方向和程度。

（2）激光测距仪

激光测距仪，顾名思义，通常用于测量距离，我们也可以用它来辅助测量物体是否水平，如图11-4所示。

图11-4　激光测距仪

当激光测距仪被放置在一个水平的表面上时，它会发射一束激光并测量激光从发射到接收的时间，根据光速推算出测量点到激光测距仪的距离。

如果激光测距仪被放置在一个不水平的表面上，激光将以一个斜角射出，并在测量点处产生斜向的投影。通过测量激光的往返时间，并结合仪器内部的水平传感器来监测仪器自身的倾斜角度，可以计算得到测量点到水平面的垂直距离，从而实现测量物体是否水平的功能。

（3）图像识别技术

一般水平仪的水平精度只有1°，对于一些需要测量更精准的场景，这类水平仪就无法胜任了。而使用图像识别技术可以很精确地测出水平状态。首先通过摄像头或其他图像采集设备获取待监测物体或场景的图像。然后从获取的图像中提取出与水平相关的特征。例如，可以使用边缘监测算法来识别图像中的水平线或边缘。再通过分析提取的特征，判断图像中物体的水平情况。例如，可以计算提取的水平线的斜率，或者通过比较不同部分的水平边缘的位置来确定水平度。由于图像获取和处理过程中可能存在误差，需要进行校准。可以使用参考物体或已知水平的基准进行校准，以提高测量的准确性。

第 12 课　五星快递员

现如今，网络购物与我们的生活息息相关。但快递运送的服务质量却参差不齐，有些快递公司用心负责，可以将快递完好地送达目的地。而有些快递公司在运送过程中有乱丢快递、暴力分拣等情况，有时候会导致快递破损。快递员的专业水平不仅取决于快递能否及时送达，也与快递在运送过程中能否保持稳定有关。

请大家思考，我们能否使用加速度传感器来监测快递在运送过程中是否稳定，并将其作为评估快递员服务质量的一项指标呢？在本课中，我们将探索如何利用加速度传感器记录运送过程中的每次晃动，通过晃动次数来判断快递员是否符合五星标准。

12.1　学习目标

- 理解阈值的意义；
- 能通过读取加速度传感器的值，分析物体运动的大致状态。

12.2　发布任务

在本课中，我们要开发一个监测快递运送过程的系统，使用加速度传感器监测运输过程中的晃动。当晃动超过一定程度时，系统将记录这一事件，帮助我们评估快递员的运送质量。

12.3 知识学习

阈值

阈值又称为临界值，是一个效应能够产生的最低值或者最高值。在本任务中，用来判断快递遭到不文明运送的临界加速度值就是阈值。

使用图12-1所示的程序可以获取x方向的加速度，并通过串口打印加速度值。再通过串口可视化窗口查看加速度值，如图12-2所示，获取y、z方向加速度的方法相同。将不同运动状态下加速度的范围填入表12-1中。

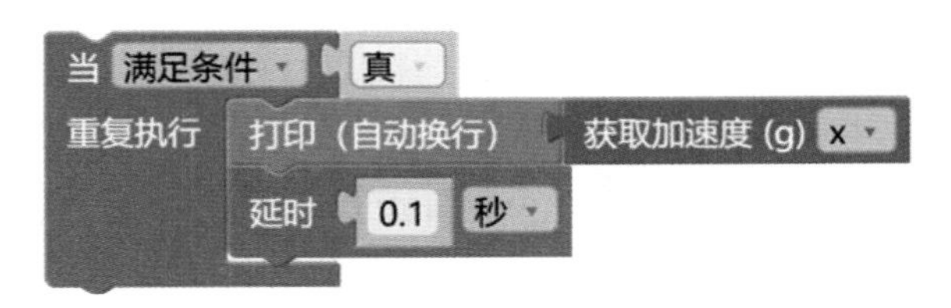

图12-1 通过串口打印加速度值的程序

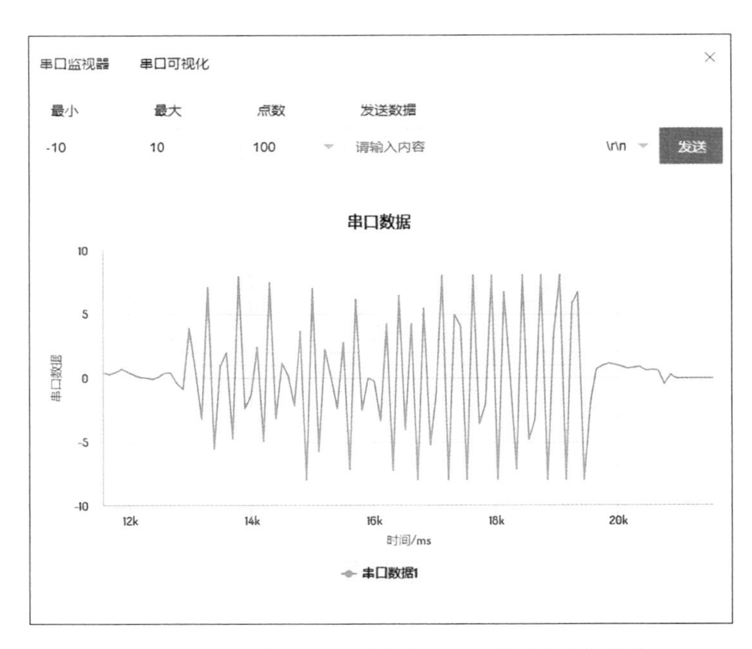

图12-2 通过串口可视化窗口查看加速度值

表12-1　不同运动状态下加速度的范围

运动状态	平稳放置	平稳走路	将物品扔地上	用力晃动
x方向加速度范围				
y方向加速度范围				
z方向加速度范围				

根据测试，请你确定，当x、y、z方向的加速度在什么范围时，可以认为快递遭到了不文明运送行为。

12.4　编程思路

我们可以利用加速度传感器每隔一定时间测量一次快递的加速度值，如果加速度值超过一定值，就认为快递当前正处于被扔、被甩、被踢等情况，我们将这样的情况统计出来，判断快递员的运送质量，流程如图12-3所示。

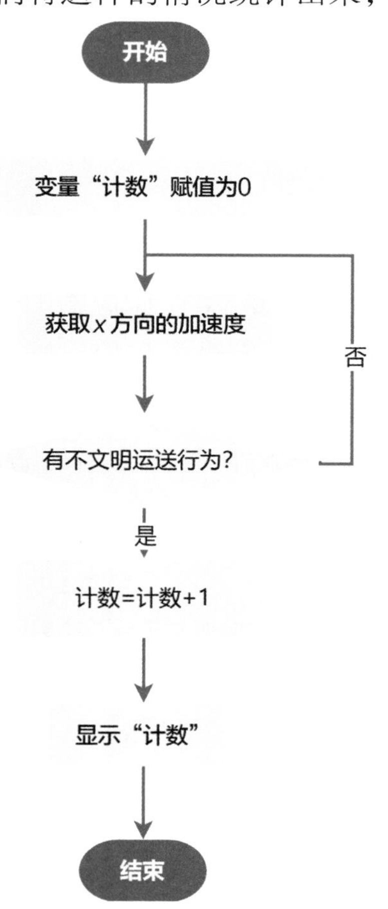

图12-3　筛选五星快递员流程

12.5　编程实现

编写程序

在程序中先声明需要用到的变量，在主函数中获取x方向的加速度值，根据前期的加速度阈值分析，确定判定不文明运送行为的条件。当加速度值符合条件时，变量“计数”加1，最终可以通过“计数”的大小来评估快递员的运送情况，程序如图12-4所示。

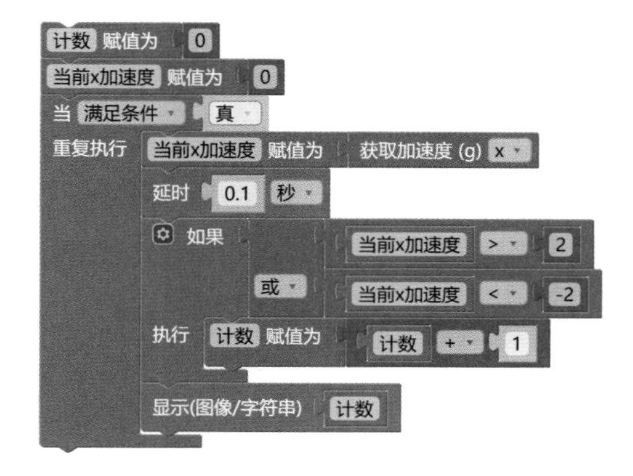

图12-4　筛选五星快递员的程序

12.6 拓展任务

在当前的程序中，我们仅通过x方向上的加速度来评估快递员的运送行为。现在，我们要挑战自己，提高这个系统的准确性，通过监测3个方向（x、y、z方向）的加速度数据来进行更全面的行为分析。设计提示如下。

3轴加速度监测：扩展程序以监测并记录MixGo ME开发板在x、y和z方向上的加速度值。确定每个方向上的不同运动状态的加速度范围，以及表示不当搬运的加速度阈值。

数据分析与记录：对收集到的3轴加速度值进行分析，识别出超过阈值的异常行为。设计日志记录系统，以便跟踪和存储所有监测到的超阈值事件。

程序优化：根据实际测试结果，调整加速度阈值，确保系统不会因正常的运动而误报。考虑加入时间因素，例如连续超过阈值的持续时间，以减少误报并提高判断准确度。

实际应用场景模拟：在类似于真实快递运输的环境中测试你的系统，验证其在各种运动条件下的效果。

12.7 交流思考

在这一课中，我们通过一个小型的加速度传感器监测了快递运输的稳定性，作为评估快递员服务质量的一项指标。现在，让我们进一步探讨这种传感器在其他行业中的潜在应用，以及它如何帮助提高服务质量和安全性。

潜在应用：探讨加速度传感器在除快递行业之外的其他行业中的应用，例如医疗、运动科学、汽车安全、建筑施工等。思考在这些行业中加速度传感器如何用于监测设备运行、人体活动或结构安全。

提高服务质量和安全性：讨论加速度传感器如何用于优化服务流程，提升产品质量，或增加用户的安全性。探索传感器数据如何与其他技术（如AI分析、实时反馈系统）结合，以提升整体服务体验。

12.8 知识拓展

驾驶行为习惯分析

你知道吗？网约车应用程序可以监测司机在驾车过程中有没有急刹车、急转弯等情况，还可以分析司机的驾驶习惯（见图12-5）。

网约车应用程序通常会利用智能手机或专用设备上的传感器来收集与驾驶相关的数据。这些传感器包括加速度传感器、陀螺仪、车速传感器等，可以监测到车辆加速度、转向、刹车、车速等信息。

通过应用程序的后台，这些传感器数据会被实时采集并存储起来，经过数据分析和处理，再由机器学习算法和模型进行特征提取和驾驶行为识别，从而分析得出驾驶习惯数据。网约车应用程序可以根据预先设定的标准和指标（平稳驾驶、安全驾驶、经济驾驶等），对司机的驾驶行为进行评估，并对司机的驾驶习惯进行打分或分类。

图12-5　驾驶行为分析

第 13 课　电子倾角仪

随着城市生活水平的提高，为了更好地服务骑行者，许多小区在考虑将部分台阶改造成自行车推行坡道。根据建筑设计中的有关要求，自行车推行坡道的坡度不能超过11°，以确保骑行者的安全和舒适。在本课中，我们将要设计一个能够精确测量倾角的仪器，用来检验自行车坡道的坡度是否符合标准。

通过这个项目，我们将深入探索加速度传感器的应用，学习如何利用这个强大的工具来精确测量和计算坡度。准备好接受这个挑战了吗？让我们开始本次设计之旅！

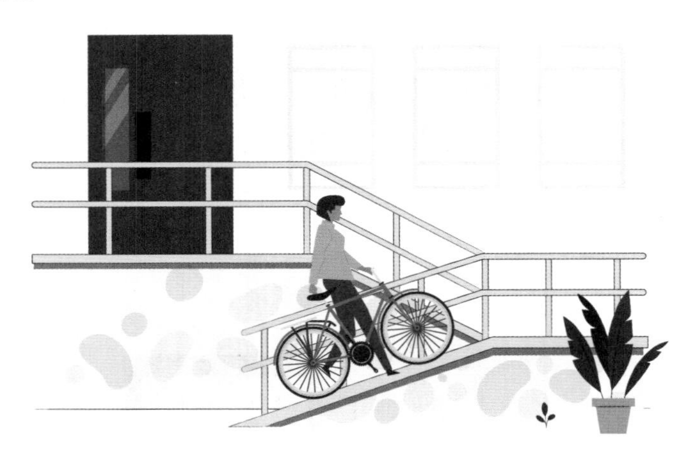

13.1　学习目标

- 了解加速度传感器监测倾斜角度的原理；
- 初步理解俯仰角与偏航角的含义；
- 能对监测到的俯仰角进行校准，实现斜面角度的测算。

13.2　发布任务

倾角仪，这个在工程建设和汽车制造等行业中不可或缺的工具，能够精准地测量斜面的倾斜角度。在本课中，我们的任务是利用加速度传感器制作一个电子倾角仪，它不仅能快速准确地测量出斜面的倾斜角度，还能通过可视化界面显示测量结果。

13.3　知识学习

1. 加速度传感器测量倾斜角度的原理

通常来说，我们不是通过专用的角度传感器，而是使用加速度传感器来测量倾斜角度。加速度传感器会受到地球重力的作用，因此在静止状态下会监测到等于1g的重力加速度。这个特性允许我们通过测量重力加速度在x轴和y轴上的分量来计算出物体的倾斜角度，水平面和斜面上物体的受力分析如图13-1所示。

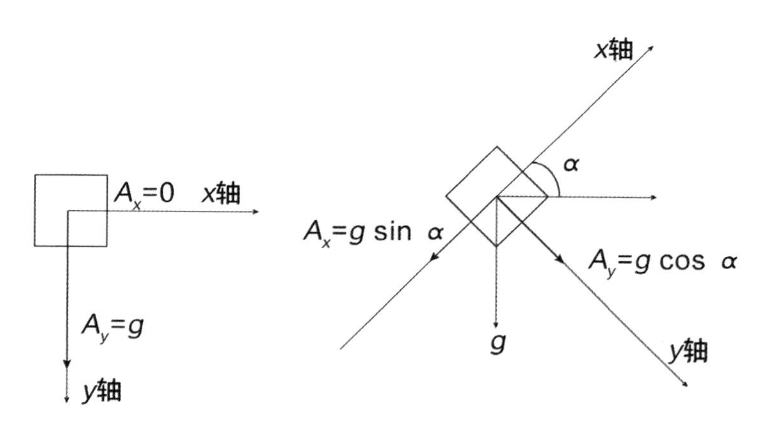

图13-1　水平面（左）和斜面（右）上物体的受力分析

假设A_x是重力加速度在平行于水平面方向上的分量，A_y是在垂直于水平面方向上的分量。当传感器平放时，A_x=0，A_y=g。当传感器放置在斜面上时，A_x和A_y的值会发生变化，其中A_x=$g\sin\alpha$，A_y=$g\cos\alpha$。因此，我们可以通过计算$\tan\alpha$（即A_x/A_y）来得出倾斜角度α。根据以上原理，可以利用2轴加速度传感器测得斜面的倾斜角度。

在衡量倾斜角度的过程中，除了x轴和y轴的加速度分量，z轴上的加速度分量同样扮演着重要角色，它提供了传感器与地面垂直方向的相对位置信息，这在非水平表面上进行测量时特别重要。

当传感器竖直或水平时，z轴加速度分量会达到其最大值或最小值（$\pm 1g$）。在倾斜状态下，z轴的加速度介于这两个值之间，反映传感器相对于竖直方向的倾斜程度。同时考虑x轴、y轴和z轴上的加速度值，我们可以获得倾斜角度更全面的数据。

2. 俯仰角与偏航角

俯仰角和偏航角是航空航天领域的术语，原本是用来描述航空器等在惯性坐标系中的姿态，现在被应用于更多领域。

如图13-2所示，对于MixGo ME开发板而言，当它正面朝上，logo在左侧时，以红色线为轴翻转，则俯仰角改变，我们可以理解为“抬头”和“低头”；而以蓝色线为轴转动，则偏航角改变，我们可以理解为“左右转身”。

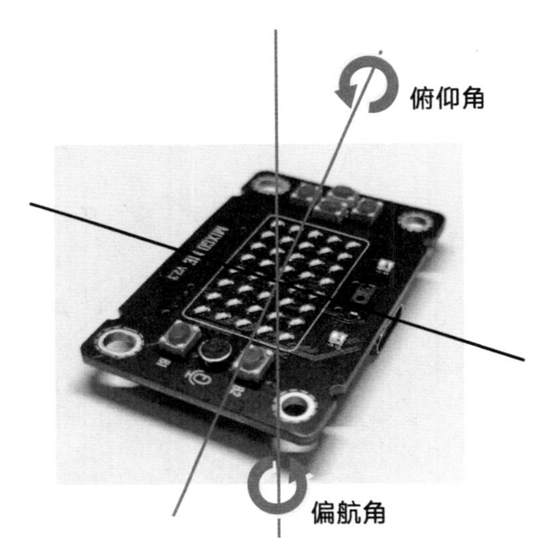

图13-2　俯仰角与偏航角示意

请你和同学们一起试一试，手握MixGo ME开发板，朝不同的方向转动它，理解俯仰角和偏航角的变化规律。

13.4　编程思路

读取MixGo ME开发板的俯仰角，探究其规律，并利用它来监测斜面的倾斜角度。

13.5　编程实现

1. 认识程序块

（1）获取小车姿态 获取小车姿态 俯仰角

该程序块用于读取MixGo ME开发板的姿态，其中姿态包括俯仰角和翻滚角。

（2）映射 映射 50 从[1 , 100]到[1 , 1000]

映射程序块是一个非常实用的程序块，它可以帮助我们将一个数据集中的每个元素按照特定的规则进行转换。比如，A区间为[0,100]，B区间为[0,1000]，将A区间映射到B区间，那么A区间中的50映射到B区间就是500。

请你思考：如果A区间为[-100,100]，B区间为[0,90]，那么A区间中的0对应到B区间应该为多少？

2. 编写程序

我们先编写程序读取MixGo ME开发板的俯仰角，并通过串口打印出来，程序如图13-3所示。调整MixGo ME开发板的姿态，探索俯仰角的规律。

图13-3　串口打印俯仰角的程序

当开发板水平放置时，俯仰角读数为____________；

当开发板竖直放置时，俯仰角读数为____________；

当开发板从水平状态缓慢地转动到竖直状态时，俯仰角的读数变化是____________。

思考：为什么开发板水平放置时，俯仰角读数不是0；竖直放置时，俯仰角读数不是90？对此，我们可以如何校准数据，使之能正确测出角度值？

现在，我们已经能读取出俯仰角，当MixGo ME开发板从水平状态缓慢地转动到竖直状态时，俯仰角读数也能反映出角度的变化，但是数值却有偏差。为此，我们需要对数据进行修正。表13-1列出了某位同学测到的数据，当水平放置时，读取到的俯仰角数值为-88，而实际角度值为0；当竖直放置时，读取到的俯仰角数值为-16，而实际角度值为90。

表13-1　某位同学测到的数据

开发板放置状态	读取的俯仰角数值	实际角度值
水平放置	-88	0
竖直放置	-16	90

我们可以在读取到的俯仰角数值和实际角度值之间建立对应关系。在编程中，可以使用映射程序块求出实际角度值，程序如图13-4所示。

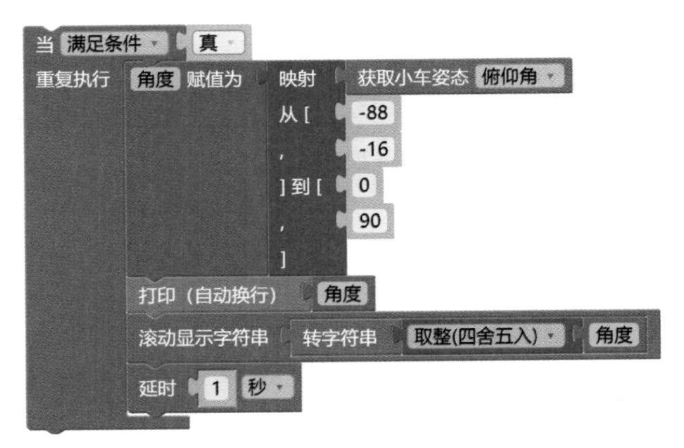

图13-4　将俯仰角数值换算成真实角度值的程序

13.6　拓展任务

有时候，我们还需要测量物体旋转的角度，比如一个物体从A方向转到了B方向，它转动了多少度呢？你能在电子倾角仪的基础上设计出实现这种功能的装置吗？设计提示如下。

初始化和按钮设计：编写程序使MixGo ME开发板在朝向A方向时，用户按下按钮来初始化角度测量。

角度测量：当MixGo ME开发板转到B方向时，用户再次按下按钮。编写程序以测量和记录这两个方向之间的角度差。

测试与优化：在不同的旋转角度和速度下测试装置，确保它能够在各种情况下准确测量角度。

13.7　交流思考

请你思考，在没有加速度传感器或专业测量工具的情况下，如何使用日常物品（如小球、木板、纸盒）来制作一个简易的倾角仪？这将考验我们的创新思维和动手能力。一起探索不同的方法，并分享你的创意方案。思考框架如下。

基本原理：思考倾角仪工作的基本原理。考虑如何利用重力和物体的相对运动来确定倾斜角度。

材料选择与使用：确定你将如何使用小球、木板和纸盒等材料。例如，小球可以用于指示倾斜方向，木板可以搭建斜面。

设计与构建：设计简易倾角仪的结构。考虑如何组合这些材料来创造一个可以显示倾斜角度的机构。

功能与测试：思考如何确保你的设备能准确显示倾斜角度。测试并优化设计，确保它能在不同的倾斜角度下有效工作。

创意拓展：探索如何通过添加额外的元素（如标记、刻度等）来提高简易倾角仪的准确性和易用性。

13.8 知识拓展

平衡车为什么能保持平衡?

平衡车（见图13-5）通过加速度传感器或陀螺仪等监测车身的倾斜角度。这些传感器能够监测车身在垂直方向上的倾斜程度。当监测到车身倾斜时，控制系统会根据倾斜角度和方向来调整车轮的转速和方向。通过调整车轮的转动，平衡车可以产生适当的反作用力，使车身重新回到平衡状态。平衡车采用闭环反馈控制，即不断的监测、计算和调整，传感器不断提供车身倾斜的信息，控制系统根据这些信息实时进行调整，以保持平衡状态。

图13-5 平衡车

第四单元　初识物联网

物联网（Internet of Things,IoT），这个当代科技的璀璨明星，正逐渐改变着我们的生活。它将设备、传感器与互联网相连接，打开了通往智能化世界的大门，带来了前所未有的便利和体验。

在这个单元中，我们将一起步入物联网的奇妙世界，探索它在日常生活中如何实现智能化和互联。我们的旅程将从智能家居开始，学习如何在外出时远程了解家中的环境（如温度），使生活更加舒适。我们还将探讨如何远程控制家中的灯光，提升家居安全并增添便利。此外，我们将运用物联网技术实现远程音乐互动，让音乐的美妙旋律穿越空间，缩短人与人之间的距离。最后，我们将挑战通过物联网云平台进行的剪刀・石头・布游戏，体验突破空间限制的互动乐趣。

通过本单元的学习，你不仅将会了解物联网的基本概念、核心原理和多样化应用，还会掌握如何利用物联网技术来创造出富有创新性的作品。准备好接受挑战了吗？让我们一起开启这段充满探索与惊喜的物联网旅程！

第 14 课　走近物联网

欢迎来到物联网的奇妙世界，一个现代科技发展中不可或缺的领域。物联网将所有物品与互联网连接起来，正在以惊人的速度重塑我们的生活方式和社会结构。

在本课中，我们将一起探索物联网的基本概念和原理，打开通往一个全新智能世界的大门。我们将了解物联网如何在日常生活中实现智能物流、智能交通等多种应用，带来便利和全新的体验。让我们一起开启这段探索之旅，感受物联网带来的无限可能！

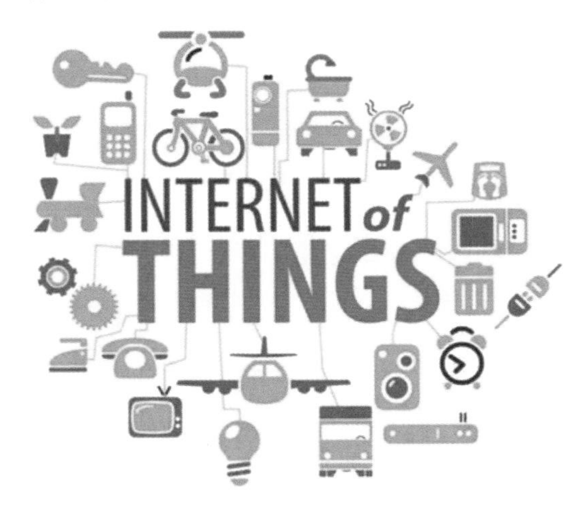

14.1　学习目标

- 初步了解物联网在生产、生活中的常见应用；
- 初步理解物联网实现远程控制的基本原理；
- 理解物联网云平台的注册与登录方法。

14.2　发布任务

本课是物联网的入门课程，我们的主要任务是理解物联网的基本概念，并准备好迎接即将到来的物联网学习之旅，为此，我们将完成一系列活动和练习。

14.3　知识学习

1. 从互联网到物联网

互联网早已与我们的生活密不可分，它让我们可以方便地与人沟通，更高效地工作。近些年，我们经常听到“物联网”这一概念，物联网可以让人与物、物与物之间形成广泛连接，不断地扩充互联网。

在互联网中，连接到网络的一般是计算机、智能手机等设备。而在物联网中，更多的设备被纳入其中，比如电视机、冰箱，甚至像花盆、书桌等看起来与互联网不沾边的物品也可能是物联网中的一员。

请你分析，下面哪些是互联网应用场景，哪些是物联网应用场景？将它们分类到表14-1对应的框中。

① 小明使用智能手机查询天气预报。

② 张红暑假出去旅游，在网上订票。

③ 李霞用智能音箱打开家里的灯。

④ 孙老师戴的智能手环可以监测他的心跳、运动等情况。

表14-1　互联网和物联网应用场景

互联网应用场景	物联网应用场景

请你观察生活，寻找更多的物联网应用场景，并填写表14-2。

表14-2　更多物联网应用场景

应用场景	产品名称	作用
家庭清洁	扫地机器人	用户可以通过智能手机远程唤醒扫地机器人工作
交通控制	智慧交通信号灯	工作人员可以远程控制交通信号灯

2. 物联网设备远程控制原理

我们知道，一般的电灯通过墙上的开关进行控制，电灯与开关之间有电线相连，通过开关可以实现通断电。而电视机一般通过遥控器发出红外信号来控制，当遥控器与电视机距离变远或者隔墙时，遥控器就无法发挥作用。

那么，当一个设备接入物联网之后，它是如何被远程控制的呢？

在物联网应用中，一个常见的场景是通过智能手机控制电灯的开关，即使相隔很远，智能手机依然可以控制电灯，这是因为智能手机发送的信号不是直接被电灯接收到，而是中间经过了网络的“帮忙”。

如图14-1所示，智能手机先向物联网云平台发出控制指令，而电灯与物联网云平台之间也保持着网络联系，当物联网云平台接收到控制指令时，就会下发给电灯，从而实现远程控制。

图14-1　智能手机通过物联网云平台控制电灯

当控制设备和执行设备有很多个时，如何将控制指令发到对应的设备上，避免出现自己的设备被别人控制的情况？请你思考，并设计一种策略。

3. 物联网应用领域

（1）智能物流

在物联网、大数据和人工智能的支撑下，智能物流的各个环节已经可以进行系统感知、全面分析处理等功能，可以监测货物的温/湿度，运输车辆的位置、状态等信息，提高货物分拣、投递、存储的效率，如图14-2所示。

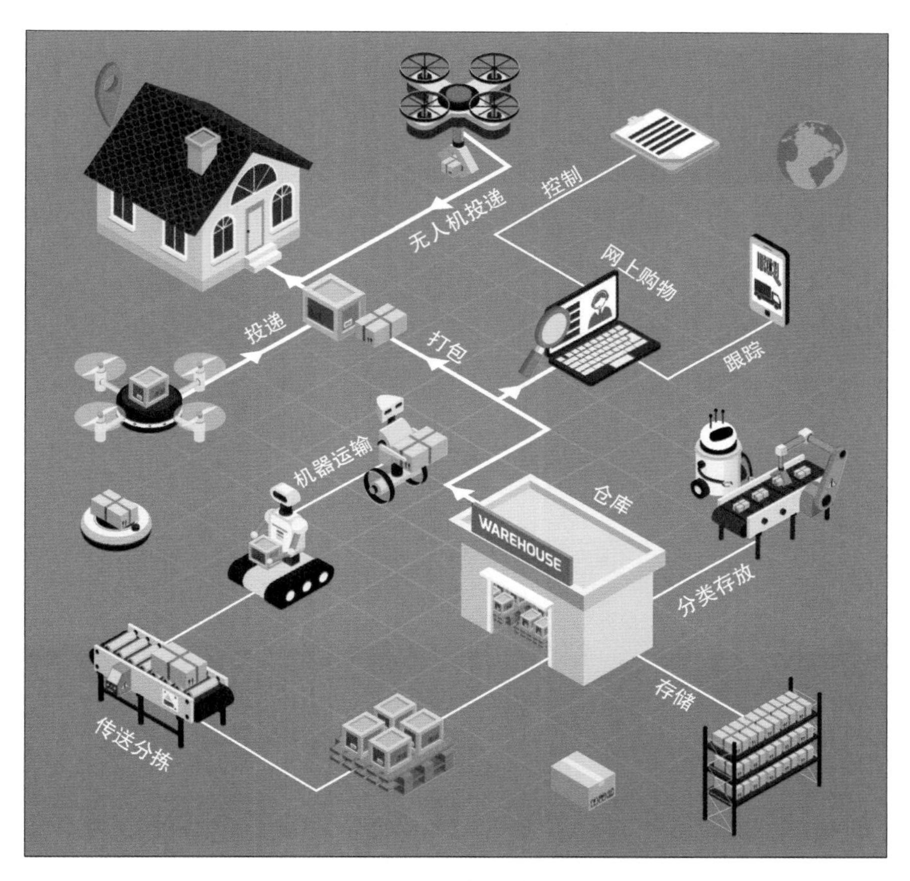

图14-2　智能物流

（2）智能交通

物联网与交通的结合主要体现在人、车、路的紧密结合，使交通环境得到改善，交通安全得到保障，资源利用率也在一定程度上得到提高，如图14-3所示。智能交通的具体应用有智能公交车、共享单车、车联网、充电桩监测、智能交通信号灯、智能停车等。

图14-3　智能交通

（3）智能安防

传统的安防依赖人力，而智能安防可以利用设备，减少对人员的依赖。如图14-4所示，智能安防系统主要包括智能门锁、监控摄像头、火警铃等设备，具备报警、监控等功能，视频监控用得比较多，该系统也可以传输、存储和分析处理图像。

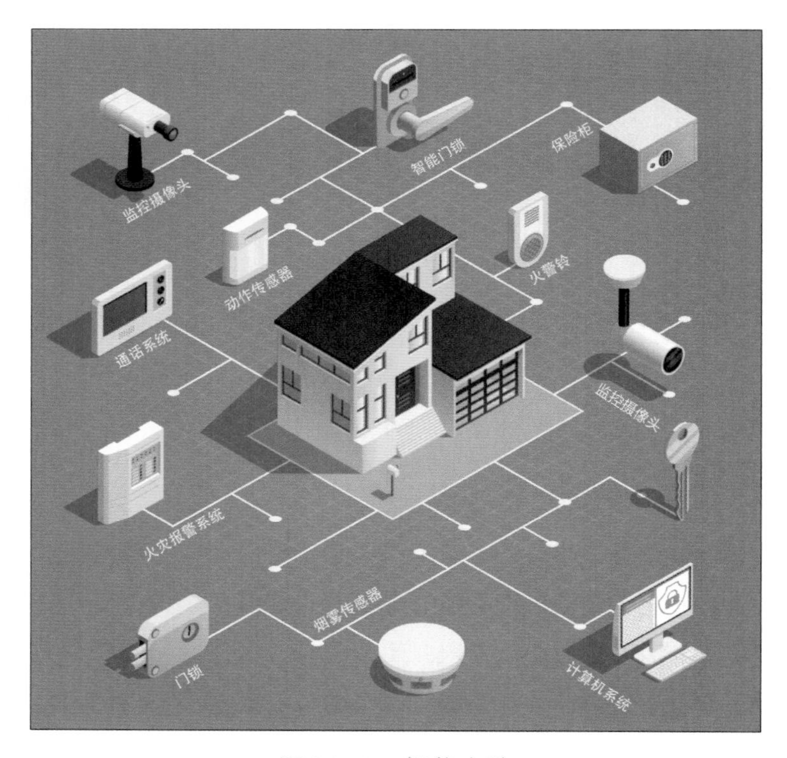

图14-4　智能安防

（4）智能医疗

智能医疗（见图14-5）是物联网技术在医疗领域的应用，体现在医疗的可穿戴设备方面，可穿戴设备通过传感器监测人的心率、体力消耗、血压等指标，将数据形成电子文件，方便查询，为医生诊断病情提供依据。

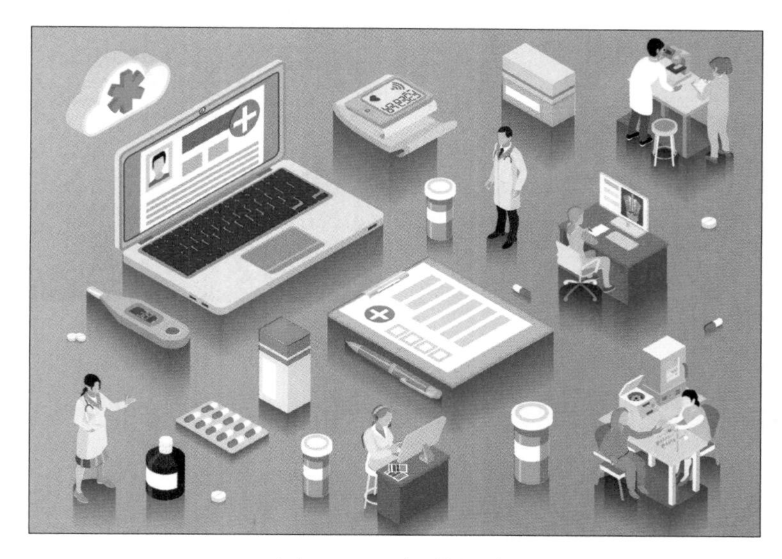

图14-5　智能医疗

14.4　准备工作

1. MixIO平台

物联网云平台是物联网教学的必备资源，本书选用的是国产开源的MixIO平台，它是专门面向中小学教育应用开发的物联网云平台，具有部署方便、使用简单、功能强大、界面友好等特点。本书中的应用围绕此平台展开，因此在学习前，需要部署平台。

（1）公共平台

为方便广大师生教学使用，北京师范大学已经在公网部署了一个公共的物联网云平台，可搜索“爱上米思齐（MixIO）”进入。

（2）私有部署

为方便使用，也可以自行部署本地的物联网云平台。MixIO可以直接在各类操作系统上部署使用。下面以Windows 11操作系统为例，介绍MixIO的部署方法。

① 下载“mixio_win_x64.zip”压缩文件。

② 解压缩后运行“start.bat”批处理文件。

扫描本书封底的“无线电杂志”二维码，关注“无线电杂志”微信公众号后，后台发送本书书名，即可获取下载链接。

③ 稍等片刻后，可以看到MixIO服务启动成功的提示，如图14-6所示。

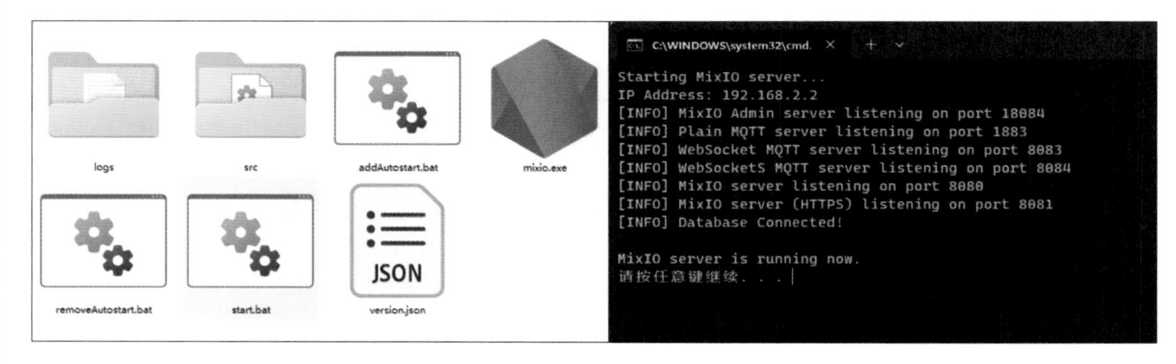

图14-6　部署MixIO物联网服务器

此时，在局域网内就可以通过浏览器访问本地部署的MixIO平台，地址为http://服务器IP:8080。

2. MixIO平台的账号注册

在使用MixIO平台之前需要注册账号，根据需要，可以在公共平台注册，也可以在本地部署的平台注册。两种平台的注册方法是一样的，使用方法也相同，但这两种平台的账号、数据互不通用。

在MixIO平台首页单击“注册账号”，如图14-7所示。

图14-7　在MixIO平台注册账号

注册账号时需要输入电子邮箱地址和用户密码，如图14-8所示。为方便学生使用，此处的电子邮箱地址只需要符合电子邮箱地址的规范即可，不需要真实存在。比如光明中学的张晓芳同学如果没有真实的电子邮箱，可以使用如下格式的地址：zhangxiaofang@gmzx.com。

图 14-8　输入电子邮箱地址和用户密码

注册完成之后，用户就可以登录使用了。

3. MixIO平台主界面

如图14-9所示，登录MixIO平台后，在左下角可以看到自己的用户名和密钥，这两项在编程时需要用到（此处的密钥不是用户登录MixIO平台的密码）。我们可以单击右上角“+”号创建项目。

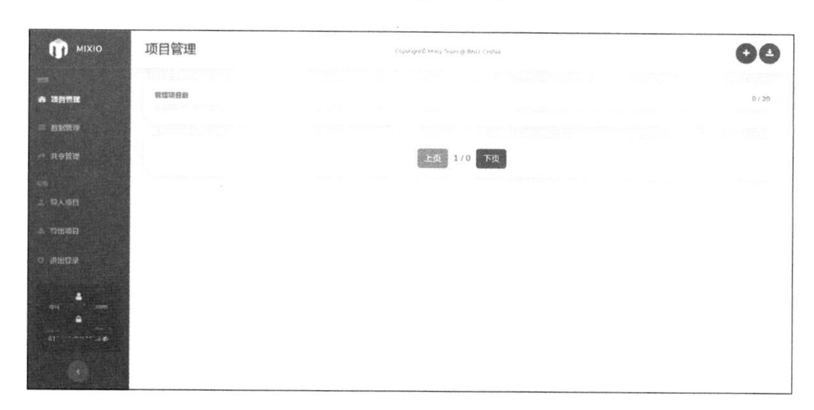

图 14-9　MixIO平台主界面

14.5　交流思考

请你和同学们通过互联网查询相关资料，了解物联网在各个领域的应用情况。

14.6 知识拓展

常见的物联网通信协议

物联网中的设备和应用之间的有效通信依赖于各种通信协议。除了MQTT协议，物联网领域还有以下常用的协议。

CoAP（Constrained Application Protocol，受限应用协议）：CoAP是一种轻量级的应用层协议，专为受限设备和网络设计。它基于RESTful架构，支持低功耗和小内存的设备。CoAP通常用于资源受限的物联网设备之间的通信，如传感器节点和网关之间的通信。

AMQP（Advanced Message Queuing Protocol，高级消息队列协议）：AMQP是一种开放标准的消息队列协议，用于在分布式系统中进行消息传递。它支持高度可靠的消息传递和异步通信，并具有丰富的特性，如消息持久性、消息路由和消息过滤等。AMQP在物联网中常用于高级消息代理和大规模消息传递场景。

HTTP（Hyper Text Transfer Protocol），超文本传送协议：虽然HTTP最初是为Web应用设计的，但它在物联网中也有广泛应用。它使用客户端—服务器模式进行通信，支持灵活的数据交换和广泛的应用场景。通过HTTP，物联网设备可以与云平台或其他网络服务进行通信，实现数据传输和远程控制。

DDS（Data Distribution Service），数据分发服务：DDS是一种用于实时通信的开放标准协议，广泛应用于物联网和工业控制系统中。DDS支持高效的数据分发和实时消息传递，适用于大规模分布式系统和对实时性要求较高的应用场景，如智能交通系统和工业自动化。

第 15 课　家中冷暖我知道

温度是我们在日常生活中密切关注的天气指标，它影响着我们的穿着选择，决定了我们是否需要打开风扇或空调等设备。但是，当我们外出时，如何实时了解家中的温度状况呢？物联网技术为我们提供了解决方案。通过物联网，我们可以随时随地使用智能手机或计算机轻松获取家中的温度信息。

在这一课中，我们将探索如何利用物联网技术远程监测家中的温度，让住宅变得更加智能和舒适。我们将学习如何把家中的温度信息实时上传到云平台，并通过智能设备随时访问这些数据，提高对家中环境的掌控能力。

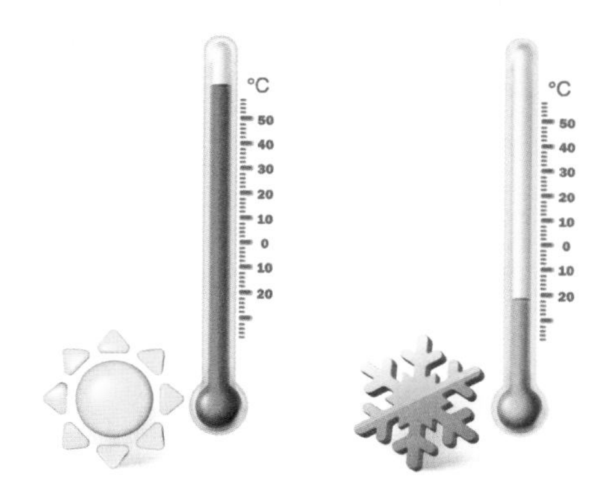

15.1　学习目标

- 初步理解 MQTT 协议，理解其消息发布 / 订阅机制；
- 了解使用 MixGo ME 开发板连接物联网云平台的方法；
- 掌握将 MixGo ME 开发板监测到的传感器值发布到物联网云平台的方法；
- 掌握登录物联网云平台并查询数据的方法。

15.2　发布任务

在本课中，我们将通过传感器获取家中的温度信息，并将这些数据上传到物联网云平台，同时借助物联网云平台远程访问这些数据，实时了解家中的温度变化，并进行相应的控制操作。

15.3 知识学习

1. MQTT协议

MQTT是一种基于客户端—服务器的消息发布/订阅传输协议，如图15-1所示。MQTT协议是轻量、简单、开放和易于实现的，这些特点使它具有广泛的适用范围。它工作在TCP/IP协议族上，是为硬件性能低下的远程设备及网络状况糟糕的情况而设计的发布/订阅型消息协议，因此，它需要一个消息中间件。

图15-1 MQTT协议

2. 发布消息

MQTT客户端可以给服务器发布消息，每条发布的消息中包含主题（Topic）和负载（Payload），主题相当于消息的名称（对应Mixly程序块中的“主题”），而负载相当于消息的内容（对应Mixly程序块中的“消息”）。比如，温度传感器可以将监测到的温度发布到物联网云平台上，消息主题为Temp，消息负载为温度值，如图15-2所示。

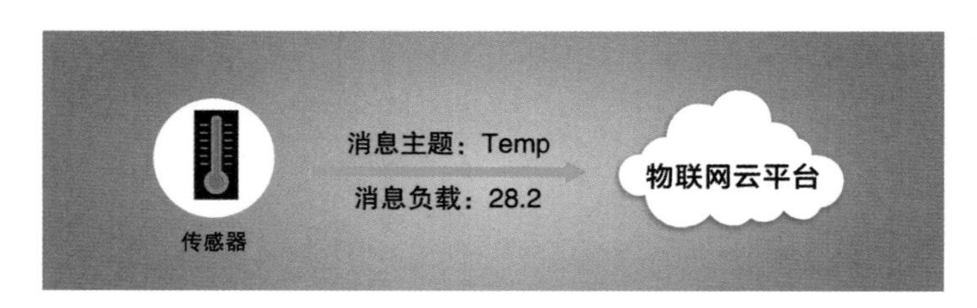

图15-2 MQTT协议发布消息

15.4　编程思路

我们要先将MixGo ME开发板连接到物联网云平台，然后将温度值发送到物联网云平台，流程如图15-3所示。

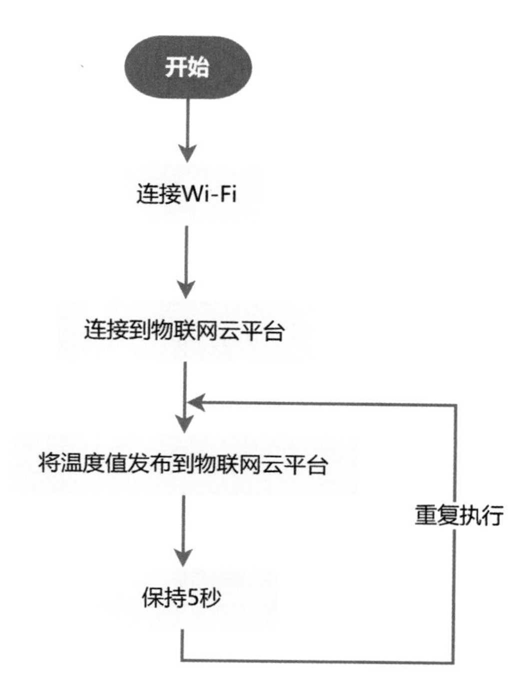

图15-3　“家中冷暖我知道”项目流程

15.5　平台设置

登录MixIO平台后，创建一个名为“家中冷暖我知道”的项目，项目名称需要与程序中的项目名称相同，如图15-4所示。

图15-4　创建“家中冷暖我知道”项目

项目创建完成后，单击绿色箭头进入该项目，如图15-5所示。

图15-5　创建完成的项目

在项目页面右下角可以选择3种不同的视图，默认为组件视图，如图15-6所示。在数据视图中可以查看各主题的数据，也可以给各主题发布消息；在组件视图中可以添加各种组件，多样化地实现数据的呈现与控制；而在逻辑视图中，可以编写自定义程序来处理数据，使之实现更高级的功能。

图15-6　项目中的3个视图

15.6　编程实现

1. 认识程序块

（1）获取温度 获取温度

该程序块用于获取板载温度值。

（2）创建MQTT客户端并连接

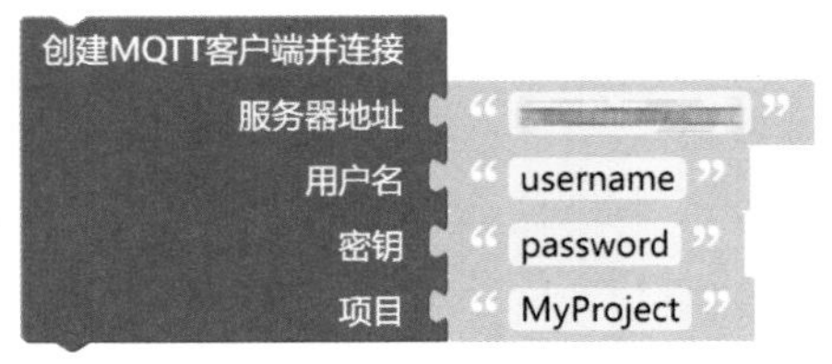

该程序块用于设置与MixIO服务器连接的相关参数。

服务器地址：如果使用的是公网MixIO服务器，则保留默认值；如果使用的是私有部署服务器，则填写私有服务器地址，如192.168.1.200。

用户名：在MixIO平台注册的用户名。

密钥：登录MixIO平台后生成的用户密钥，而非登录密码。

项目：在MixIO平台创建的项目名称。

（3）确保连接到 Wi-Fi

该程序块用于设置连接 Wi-Fi 的相关信息。

名称：物联网开发板所在环境中的 Wi-Fi 名称，只能使用 2.4GHz 的 Wi-Fi，5GHz 的无法连接。

密码：Wi-Fi 对应的密码。

（4）MixIO 发送数据

该程序块用于向 MixIO 平台发布消息，发送时需要确定主题和消息。

2. 编写程序

在将温度值上传到 MixIO 平台之前，我们可以先通过串口打印温度进行测试，程序如图 15-7 所示。

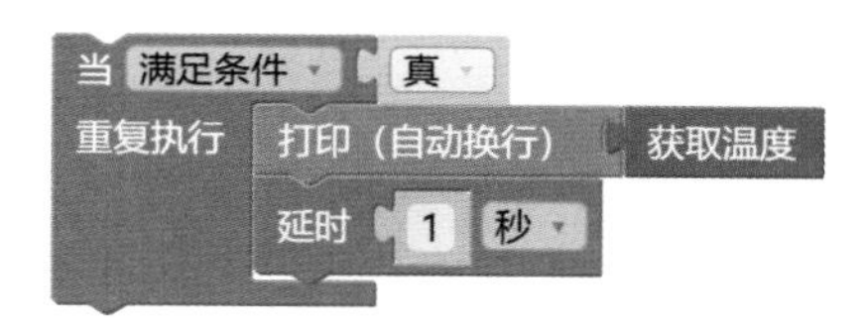

图 15-7　通过串口打印温度的程序

通过串口监视器查看温度值，将开发板握在手心里或者放在衣服里，观察读数变化，并记录读数。

成功读取温度值后，我们就可以编写程序将温度值发布到 MixIO 平台了。填写正确的 Wi-Fi 信息和 MixIO 平台信息，在主程序中，将获取到的温度值发布到主题“温度”，如图 15-8 所示。

图 15-8　将温度值发布到 MixIO 平台的程序

运行程序后，在串口监视器中可以看到一些输出信息，这里的信息很重要，可以帮我们找出一些错误。

如图15-9所示，输出信息中的“connecting to：wifiname”，表示开发板正在连接一个名为“wifiname”的Wi-Fi，成功连接该Wi-Fi后，才会输出下面的信息。“network config”中的信息是开发板在该Wi-Fi下获得的IP信息。“('47.92.33.17',1883)”指的是MixIO平台的地址和端口。当这些信息都正确时，才能正确连接到MixIO平台。

```
输出    COM25
load:0x3fcd6100,len:0xe3c
load:0x403ce000,len:0x6dc
load:0x403d0000,len:0x28ac
entry 0x403ce000
connecting to: wifiname
network config: ('192.168.176.253', '255.255.255.0', '192.168.176.60', '192.168.176.60')
('47.92.33.17', 1883)
```

图15-9　连接MixIO平台的输出信息

当开发板的程序正确运行后，温度数据就会被发布到MixIO平台。进入MixIO平台，在“家中冷暖我知道”项目的数据视图中查看“温度”主题的数据。在“数据监视表”中可以看到不断有新增数据，在“可视化窗格”中可以看到该主题的数据变化情况，如图15-10所示。

图15-10　MixIO平台显示数据

15.7　拓展任务

在本课的拓展任务中，我们将进一步掌握物联网技能，通过MQTT协议，不仅将家中的温度值发送到MixIO平台，还将尝试发送家中的光照强度数据，提升对物联网传感器数据处理和发布的理解。提示如下。

光照强度数据采集：使用MixGo ME开发板板载的红外传感器来收集环境的光照强度数据。

数据上传和主题设置：与温度数据类似，将光照强度数据实时上传至MixIO平台。注意设置不同的主题用于温度和光照强度数据。

远程数据访问：设置MixIO平台项目，能够同时远程查看温度和光照强度数据。

15.8　交流思考

在物联网项目中，正确设置Wi-Fi和MQTT连接信息对保证系统正常运行至关重要。如果这些信息设置错误，就会导致设备无法连接网络或云平台。在本次交流思考中，我们将探索错误设置的影响，并学习如何使用串口监视器进行故障诊断。

错误设置实验：请你故意设置错误的Wi-Fi或MQTT连接信息，观察并记录设备的反应。通过串口监视器观察设备在尝试连接时的输出信息。

分析输出信息：根据串口监视器中显示的输出信息，尝试确定连接失败的原因，填入表15-1中。分析不同类型的错误信息，如认证失败、网络不可达、服务器无响应等。

错误排除方法：探索如何通过串口监视器的输出信息来快速准确地定位和解决连接问题。讨论在设置Wi-Fi或MQTT连接信息时的常见错误和预防措施。

表15-1　输出信息和错误原因

输出信息	错误原因

15.9 知识拓展

智能家庭环境控制系统

智能家庭环境控制系统是将传感器和家中的各种设备连接到互联网，并通过云计算和数据分析来实现智能化管理和控制的系统，它可以让我们通过智能手机、计算机等远程实时控制各种家电，实现家居环境的智能化管理，如图15-11所示。智能家庭环境控制系统可以实现以下功能。

温度和湿度控制：通过连接智能温/湿度传感器和智能空调、加湿器等设备，系统可以根据家中的温/湿度情况，自动调节室内环境，带来舒适的居住体验。

照明控制：通过智能灯泡或智能开关，我们可以随时远程控制家中的照明，调整灯光亮度和颜色，实现个性化的照明效果。

安防监控：连接智能摄像头和传感器，我们可以实时监控家中的安全状况，接收警报信息，保障家人和财产的安全。

节能管理：智能家庭环境控制系统还可以分析家中的用电情况，提供节能建议和优化用电方案，帮助我们实现能源的高效利用。

智能化场景：我们可以根据自己的习惯和需求，设置智能化场景，比如“回家模式”“离家模式”，让家中的设备自动按照预设的场景进行联动，提高生活的便捷性和舒适性。

智能家庭环境控制系统是物联网技术的一个重要应用，它不仅提升了家居生活的智能化水平，还为我们带来了更加便捷、高效、安全的居住体验，让我们能够实时掌握家中的状况，并通过远程控制实现智能生活。

图15-11　智能家庭环境控制系统

第 16 课　远程控制灯

进入物联网时代，远程控制变得触手可及。在这一课中，我们将体验通过物联网技术遥控家中的灯光。这项技术不仅为创造温馨、舒适的家居环境提供了便利，还能通过智能化控制达到节能的效果。

从本课的开关灯控制，到之后的复杂场景设定，我们将一步步探索如何使家居照明更智能、更个性化。让我们一起踏上这个充满创新和便利的智能照明旅程!

16.1　学习目标

- 了解 MixIO 平台中的组件概念，并能添加控制组件；
- 了解 MQTT 服务器的消息订阅机制，能编程订阅消息；
- 熟悉 MixIO 平台物联网项目创建的过程。

16.2　发布任务

借助物联网，远程控制设备不再是科幻小说中的情节，而是现实的便利技术。本课的核心任务是学习如何通过物联网云平台实现对灯的远程控制。我们将在云平台上创建项目，设置设备（灯）从服务器订阅消息，并根据这些消息控制设备的行为。

16.3 知识学习

订阅主题

MQTT客户端可以从服务器订阅消息，订阅时需要明确订阅的主题名称，当服务器发现该主题有新消息时，客户端就会接收到该消息。

比如，一个客户端（灯）想要被远程控制，就需要从物联网云平台订阅消息，订阅主题为switch，消息为1、0或者其他值。灯可以根据消息的不同，实现开关、调光等效果，如图16-1所示。

图16-1　灯订阅消息

16.4 编程思路

我们要先让MixGo ME开发板连接到物联网云平台，然后从云平台订阅主题，并为该主题设置回调函数，在回调函数中需要根据收到的消息来决定是否开灯，流程如图16-2所示。

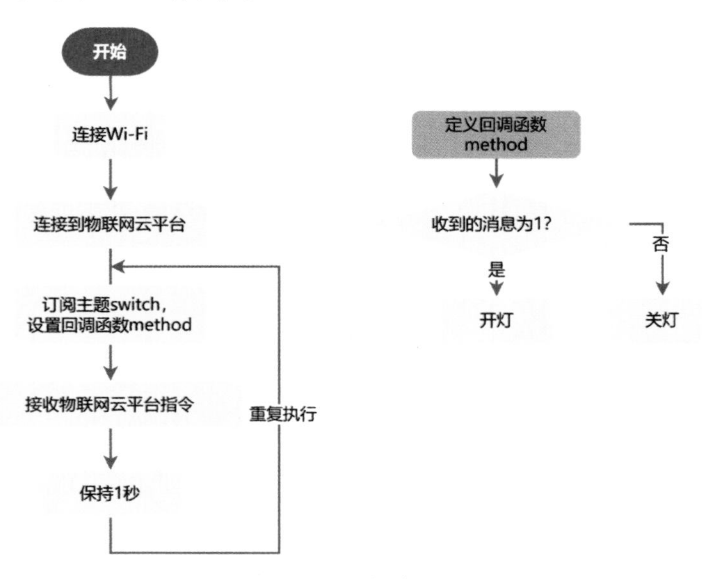

图16-2　远程控制灯流程

16.5　平台设置

登录MixIO平台后，创建一个名为“远程控制灯”的项目，项目名称需要与程序中的项目名称相同，如图16-3所示。

图16-3　创建“远程控制灯”项目

创建项目后，在组件视图中新增一个开关组件，并为开关组件设置名称和消息主题，其中组件名称可以自定义，而消息主题需要与程序中的主题一致，反馈模式选择“开关”，如图16-4所示。

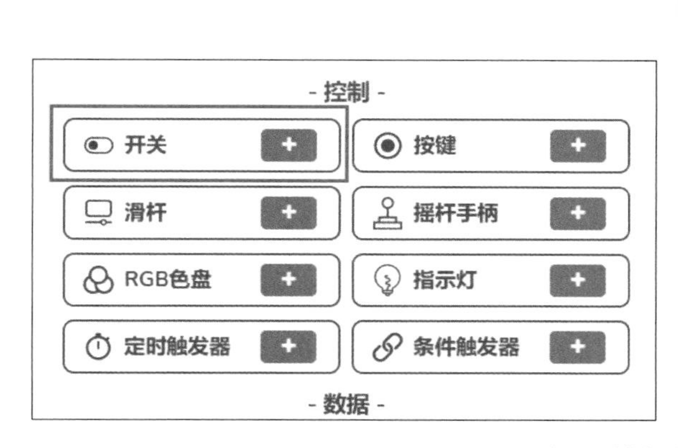

图16-4　添加开关组件

组件添加完成后，一定要记得单击右上角的保存按钮，如图16-5所示。

图16-5　组件视图中的保存按钮

16.6 编程实现

1. 认识程序块

（1）订阅主题及设置回调函数 MixIO 订阅主题 “topic” 设置回调函数 method

在MQTT协议中，客户端可以向MQTT服务器订阅消息，在订阅时需要明确订阅的主题，以及当该主题有消息时调用的回调函数，在回调函数中设置收到消息时需要执行的动作。

（2）MixIO接收并执行指令 MixIO 接收并执行指令

MixIO接收并执行指令程序块用于使开发板与MixIO保持连接，并及时接收来自MixIO平台的消息。

2. 编写程序

在Mixly中编写程序，如图16-6所示，修改相关参数，与本项目保持一致。

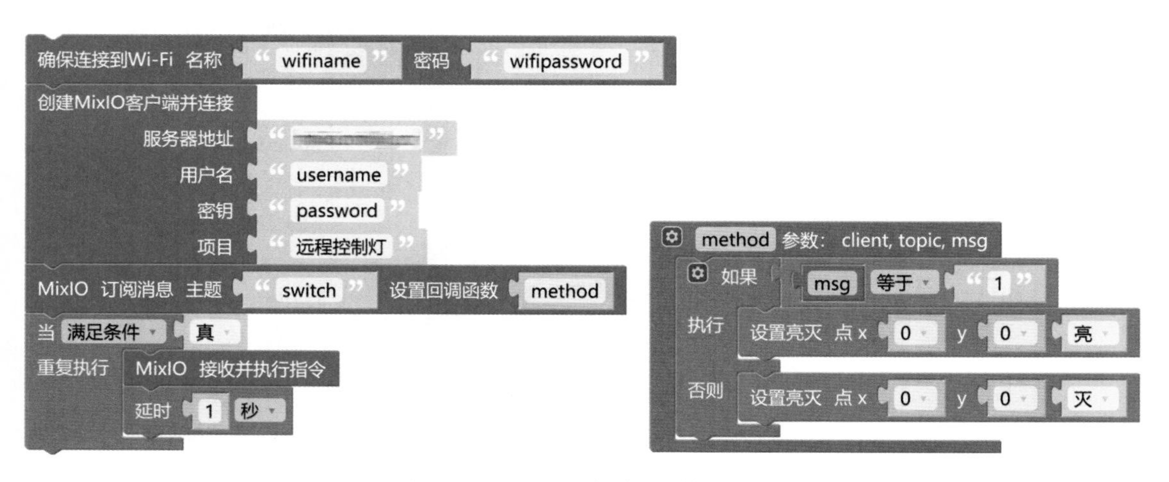

图16-6 远程控制灯的程序

程序上传完成后，等待设备连接到MixIO平台。打开MixIO中该项目的页面，在项目页面中可以看到已经连接的设备数量，说明开发板与MixIO平台连接成功。在组件视图的右上角单击三角形图标，开启项目，然后拨动开关组件，如图16-7所示，观察开发板上的灯。

图16-7 开关组件

16.7　拓展任务

我们已经学会了如何通过订阅消息来远程控制一个灯的开关。现在，让我们更进一步挑战：尝试点亮开发板上的所有灯。

16.8　交流思考

在设置组件时，开关组件有“开关”和“按键”两种模式，请你测试并对比这两种模式的不同点，填入表16-1中。

表16-1　开关组件中开关模式和按键模式的区别

模式	区别
开关模式	
按键模式	

16.9　知识小结

经过两个物联网项目实践后，我们来做个小结。首先，我们在对开发板编程时，要让开发板连接Wi-Fi和物联网云平台；然后编写发布消息或者订阅消息部分，并根据项目需要编写回调函数；再到物联网云平台设置需要用到的组件；最后在物联网云平台运行项目，我们就可以实现远程查看数据或者远程控制设备，如图16-8所示。

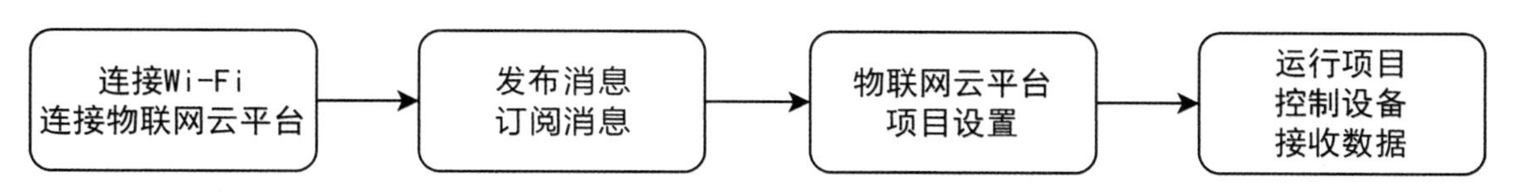

图16-8　物联网项目开发的流程

第 17 课　隔空弹琴

想象一下，即使与钢琴相隔很远，你仍然可以通过物联网云平台隔空弹琴，这是多么奇妙的体验。借助物联网的力量，音乐数据可以传输到远方，再通过开发板转换成美妙的音乐。无论你身处何处，只需一台连接网络的设备，就能演奏出美妙的琴音。准备好了吗？让我们一起体验隔空弹琴的魅力吧！

17.1　学习目标

- 加深对 MQTT 协议的理解；
- 掌握 MQTT 协议中的多主题订阅方法；
- 掌握使用同一个回调函数处理多个主题订阅的方法。

17.2　发布任务

在这一课中，我们将踏入音乐与技术交织的世界。这个项目将是我们物联网学习旅程中的一次创新实践，我们将使用 MixGo ME 开发板和 MixIO 平台，设计一个可以远程演奏的钢琴。

17.3　知识学习

物联网4层架构

物联网是指通过互联网将各种物理设备、传感器和对象连接起来，实现智能化、自动化的数据交换和通信的网络系统。物联网的架构通常可以划分为4个层级，这些层级有助于实现设备之间的连接和数据传输，如图17-1所示。

感知层：感知层是物联网的最底层，也称为物联网边缘。在这一层，各种传感器、执行器等设备被用来感知和监测现实世界的物理参数和状态，这些设备可以测量温度、湿度、光照强度、运动、声音等各种环境和物体特征。感知层的主要任务是将这些物理信息转换成数字信号，以便后续传输和处理。

网络传输层：网络传输层负责连接感知层中的设备，并将其接入互联网中。这一层的目标是建立稳定、安全的通信网络，以实现设备之间的连接和数据传输。在物联网中，有许多不同的网络技术可以使用，如Wi-Fi、蓝牙、ZigBee等，网络技术的选择取决于具体的应用场景和需求。

数据处理层：数据处理层是物联网的核心部分，负责处理和分析从感知层传输上来的海量数据，可能会对数据进行实时处理、存储、聚合和分析。数据处理层利用各种技术和算法来提取有用的信息、识别模式和执行决策。这一层的目标是将原始数据转化为有意义的信息，以便更高层次的应用和服务可以利用这些数据进行决策和控制。

应用层：应用层是物联网的顶层，也是最接近用户的一层。这一层通过将数据处理层获得的信息进行应用和集成，构建各种物联网应用和服务。这些应用可以涵盖各个领域，如智能家居、智能交通、智能健康等。应用层可以提供用户友好的界面，让用户可以直接与物联网系统交互，实现对物联网设备的控制、监测和管理。

通过以上4个层级的结构，物联网实现了从物理世界到数字世界的连接和交互，为我们的生活和工作带来了许多便利和创新。然而，物联网也面临着一些挑战，如安全和隐私问题，需要不断的技术改进和政策支持来解决。

图 17-1 物联网 4 层架构

17.4 编程思路

在物联网云平台上设置 7 个按键，分别代表 do、re、mi、fa、sol、la、si 这 7 个音，按下每一个按键可以向对应的主题发送 1，当 MixGo ME 开发板订阅的主题收到消息时，就发出相应的音符，流程如图 17-2 所示。

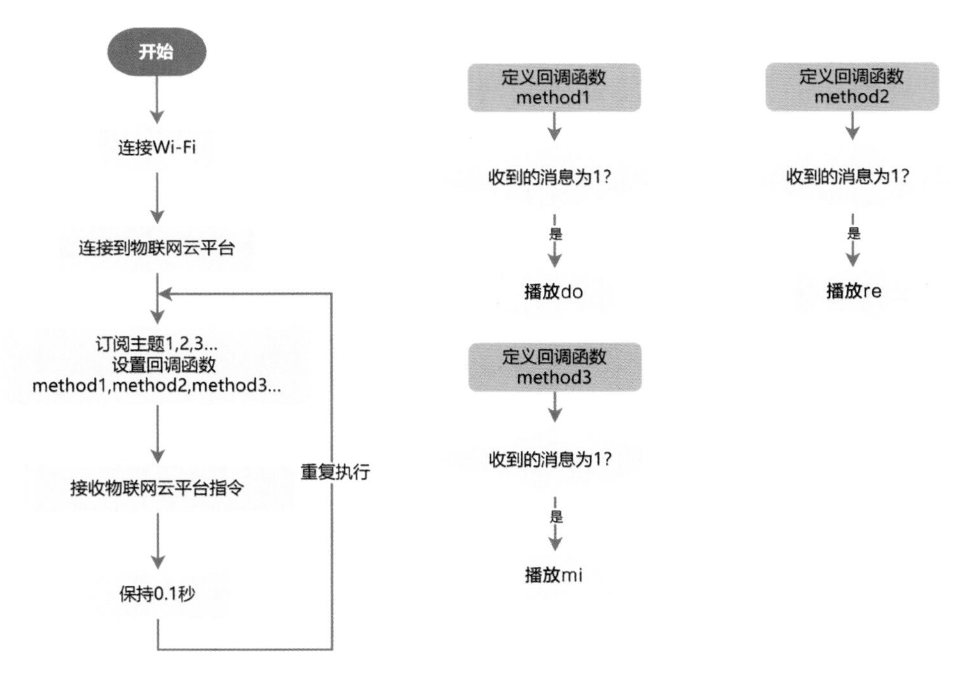

图 17-2 隔空弹琴流程

17.5　平台设置

在项目设置中添加7个按键，第1个按键的名称为1，消息主题为1，如图17-3所示；第2个按键的名称为2，消息主题为2，以此类推，如图17-4所示。当按下按键1时，让MixGo ME开发板发出do的声音。

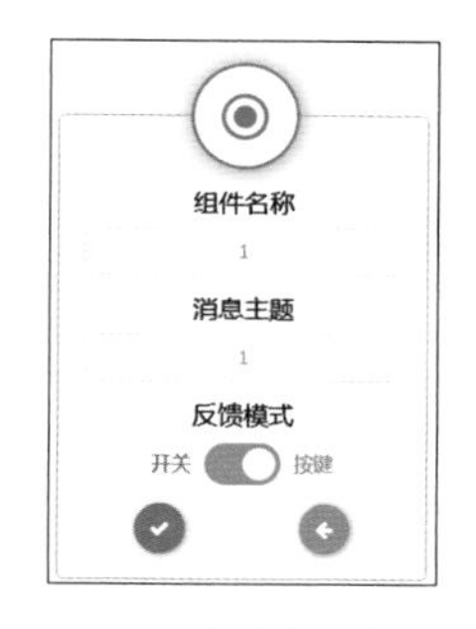

图17-3　设置按键组件

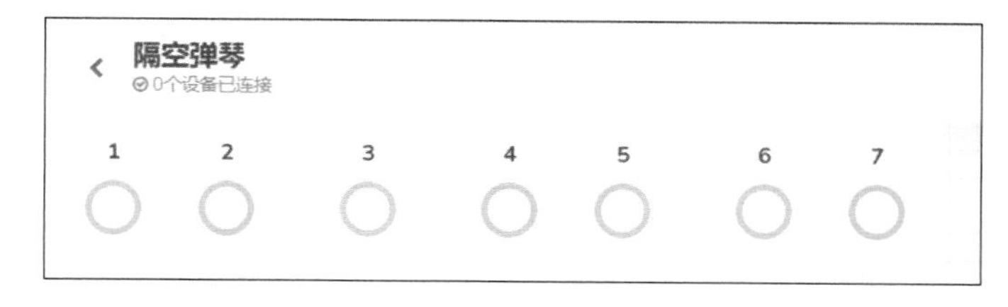

图17-4　在组件视图添加7个按键组件

17.6　编程实现

1. 认识程序块

播放声音 播放声音 频率 NOTE_A4 持续时间 1000

该程序块用于控制蜂鸣器播放特定频率的声音，并持续一定的时长。播放声音的频率可以选择常见音符，比如NOTE-C4是中央C，唱名为do，而C3为低音C，C5为高音C。

2. 编写程序

首先编写物联网连接部分的程序，订阅主题1，当该主题收到的消息为1时，发出do的音调，程序如图17-5所示。

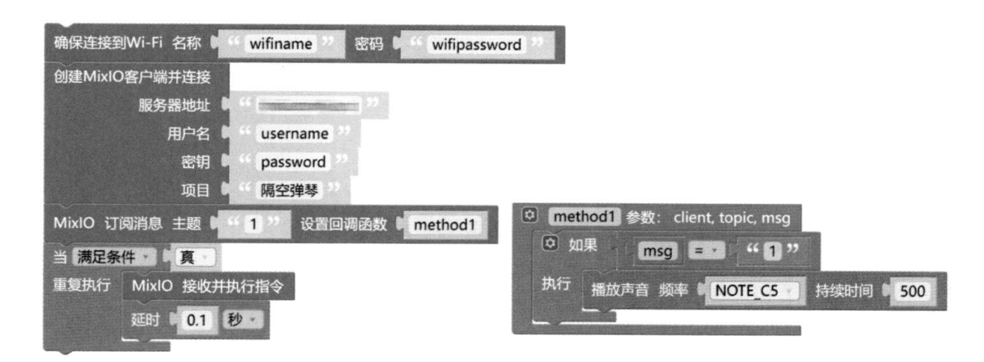

图17-5　通过MixIO平台播放do的程序

根据以上程序，请你完成播放其余6个音符的程序。

3. 优化程序

在这个项目中，我们用7个按键对应7个主题，而程序中有大量相似的部分，那我们能否对程序进行优化呢？

我们可以将7个主题的回调函数统一，每个按键被按下后都由method函数来处理，在函数内部根据msg和topic的值来播放不同的声音，优化后的程序如图17-6所示。

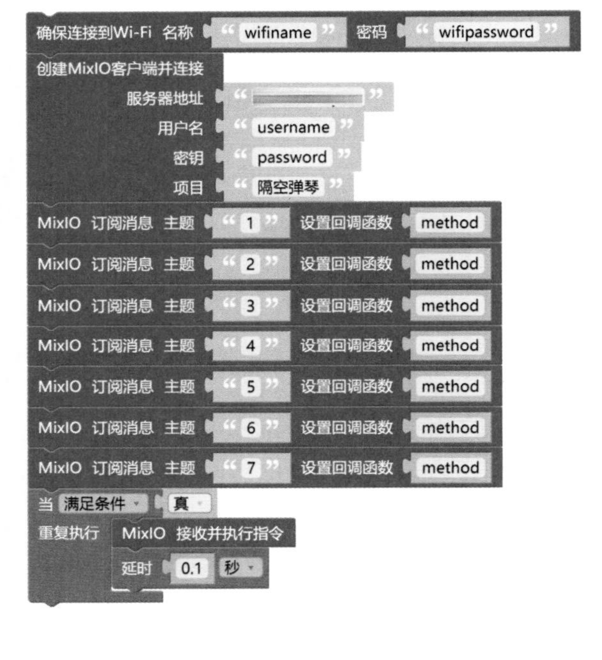

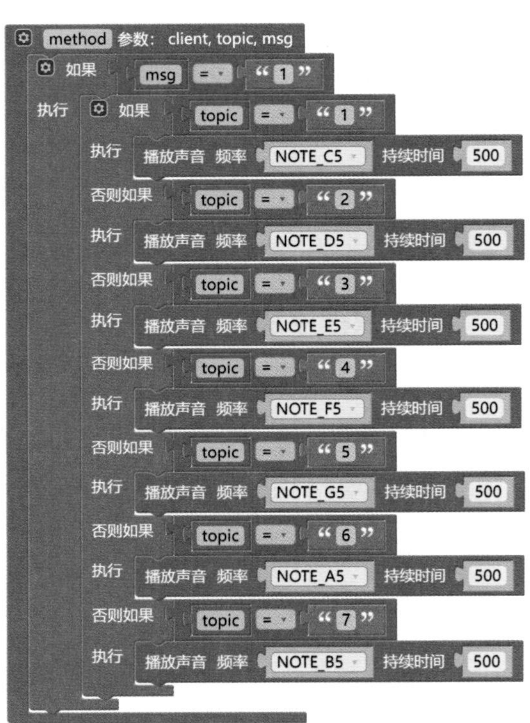

图17-6　通过MixIO平台播放7个音符的优化程序

17.7　拓展任务

在这一课中，我们通过物联网云平台实现远程演奏，即使相隔千里，只要有网络连接，我们就可以将音乐传递到远方。

请你通过物联网技术，为远方的朋友和亲人演奏一曲。你也可以借助MixIO平台的项目分享功能，将项目分享给远方的朋友，让他们为你演奏。

将远程演奏的过程用手机或者摄像机录制下来，并与朋友和家人分享感受。

17.8　交流思考

在本课中，我们学习了物联网4层架构，请你结合前面已学的物联网应用案例，分析每个案例中属于不同层级的设备，填入表17-1中。你还可以再选择一个你了解的物联网应用场景进行分析，并与同学交流。

表17-1　物联网应用案例中不同层级的设备

案例	感知层	网络传输层	数据处理层	应用层
家中冷暖我知道	MixGo ME 开发板	Wi-Fi模块、无线路由器、互联网	物联网云平台	物联网云平台
远程控制灯				
隔空弹琴				

17.9　知识拓展

物联网钢琴跨时空音乐会

2000多年前，丝绸之路在东西方之间架起了一座桥梁。而今，借助技术力量实现的“线上丝绸之路”掀起了中意文化交流热潮。

2019年6月16日，“线上丝绸之路”卡罗德中意文化交流音乐会拉开帷幕。音乐会主场设立在意大利科森扎，由匡勇胜教授进行演奏，副场位于中国湖南的卡罗德音乐集团总部，由唐昌菲教授进行演奏，两个现场同步演奏，实现了中意跨国四手联弹《月亮代表我的心》。

这一活动打破了传统演出的时空限制，让音乐家和观众能够在不同地点同时参与音乐会，共同创造和体验美妙的音乐。同时，这也是对物联网技术在文化艺术领域的有趣应用和探索。

第18课　云端剪刀·石头·布

在这一课中，我们将把剪刀·石头·布这个经典游戏带入物联网中。通过物联网云平台，两个人能够在不同地点一起享受这个游戏的乐趣。每位玩家的出拳情况通过物联网云平台传输，由云平台判断胜负。这一过程不仅锻炼了我们的编程技能，还展示了物联网技术的魅力。

18.1　学习目标

- 了解MixIO平台逻辑视图的工作原理，初步体验逻辑判断的作用；
- 了解Mixly平台编程与MixIO平台逻辑视图编程的异同。

18.2　发布任务

在本课中，我们要通过编程实现云端剪刀·石头·布游戏，让两位玩家能够远距离对战。每位玩家的出拳情况将通过物联网云平台传输到云端，并由云平台来判断胜负。

18.3　知识学习

MixIO平台的逻辑视图

在MixIO平台中有3个视图，分别是数据视图、组件视图、逻辑视图。前面两个视图我们在之前的案例中已经有所接触。而逻辑视图（见图18-1）是一个基于MixIO平台的可编程视图，可以对物联网设备发布到MixIO平台的数据再进行逻辑判断、计算、汇总，使物联网应用有更强大的功能，如图18-2所示。

图18-1　MixIO平台的逻辑视图

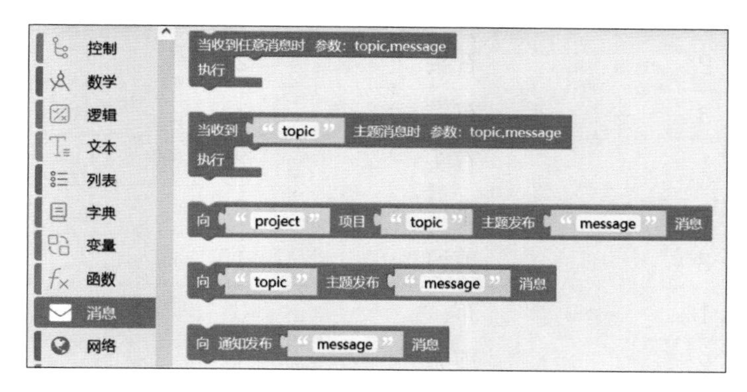

图18-2　MixIO平台的逻辑视图页面

18.4　编程思路

1. 玩家出拳

在本任务中，我们要给两块开发板编写程序，其中A板给玩家A使用，B板给玩家B使用。另外MixIO平台作为裁判，当分出胜负后需要分别通知双方，因此也需要给平台编写程序。

当玩家按下不同按钮时，会发布不同的消息，而不同的消息代表不同的出拳情况，见表18-1。

表18-1 不同按钮对应的出拳情况

按钮	发布消息	出拳情况
A1	1	剪刀
A2	2	石头
A3	3	布

2. MixIO平台判断

而当MixIO平台收到两位玩家发布的消息后，需要对玩家的出拳情况进行对比分析。表18-2是两位玩家所有可能的出拳情况，请你写出所有情况的结果。

表18-2 玩家出拳情况的结果

玩家A		玩家B		结果
剪刀	1	剪刀	1	
石头	2	石头	2	
布	3	布	3	
剪刀	1	石头	2	
石头	2	布	3	
布	3	剪刀	1	
剪刀	1	布	3	
石头	2	剪刀	1	
布	3	石头	2	

两位玩家向MixIO平台发布的消息为1、2、3这3个数字，那么MixIO平台该如何快速判断胜负呢？请你设计一个判断的算法，先将判断算法用自然语言描述。

3. 玩家获取结果

当两位玩家通过主题result接收到胜利者名字时，判断是否为自己，如果是自己胜利了，则在点阵屏上显示笑脸，否则显示哭脸。

18.5 编程实现

1. 认识程序块

收到主题消息 

该程序块在MixIO平台的逻辑视图中，当某个主题收到消息时会触发该主题，可以执行该主题中的程序。

2. 设置平台

在MixIO平台上先添加两个文本显示屏组件，用于显示两位玩家的出拳情况。第1个组件名称为玩家A，消息主题为Player_A，设置如图18-3所示；第2个组件名称为玩家B，消息主题为Player_B。

当玩家按下按钮后，MixIO平台就可以显示其选择，如图18-4所示。

图18-3　设置文本显示屏组件

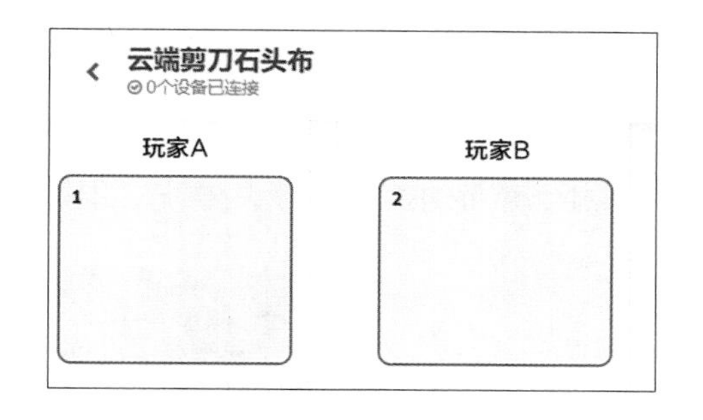

图18-4　MixIO平台显示两位选手出拳情况

注意：此处的消息主题要与程序中两位玩家的消息主题一致。

3. 编写程序

（1）玩家A出拳部分程序

当玩家A按下不同的按钮时，先在点阵屏上显示对应的手势符号，再通过MQTT协议发布消息到MixIO平台，程序如图18-5所示。

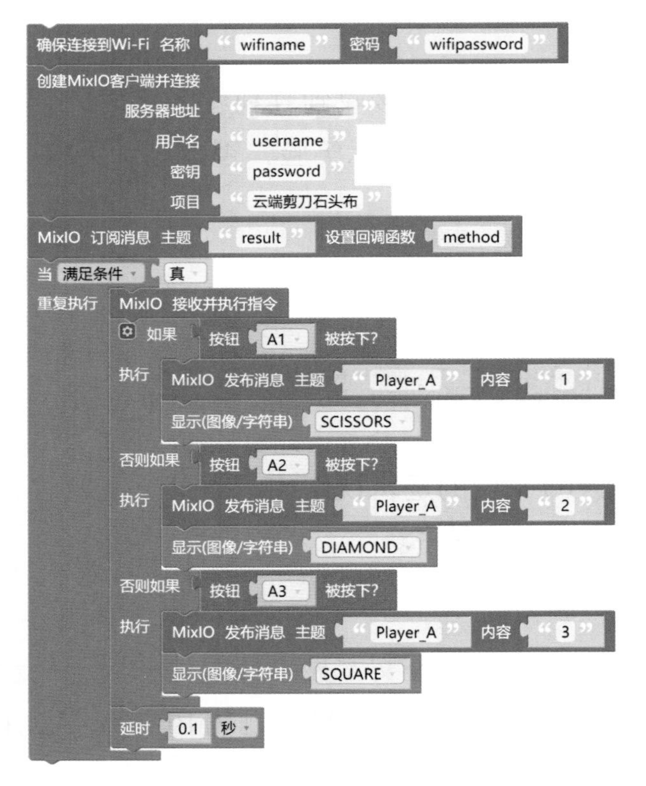

图 18-5　玩家 A 出拳部分程序

（2）玩家A获取胜负部分程序

玩家要根据MixIO平台通过主题result发回的消息判断自己是否获胜，如果获胜则点阵屏显示SMILE表情，如果失败则点阵屏显示SAD表情，如果平局则点阵屏显示等于号，程序如图18-6所示。

method 参数：client, topic, msg
如果 msg = “A”
执行 显示(图像/字符串) SMILE
否则如果 msg = “B”
执行 显示(图像/字符串) SAD
否则 显示(图像/字符串) “=”

图 18-6　玩家 A 显示胜负部分程序

（3）平台逻辑编程

MixIO平台作为本游戏的裁判，需要在逻辑视图中编写判断程序。

当收到Palyer_A主题消息时，将玩家A出拳情况对应的数字赋值给变量A；同理，当收到Palyer_B主题消息时，将玩家B出拳情况对应的数字赋值给变量B。此处需要特别注意，由于通过MQTT传输的消息类型是字符串，需要将其转为整数类型，才能进行后续的比较。

接下来比较变量A和B，根据前面的分析，当A=B时，两位玩家为平手，则result主题发布消息"="；当A=1且B=2、A=2且B=3、A=3且B=1时，玩家B胜利，则result主题发布消息"B"；其余3种情况表示玩家A胜利，则result主题发布消息"A"，逻辑视图程序如图18-7所示。

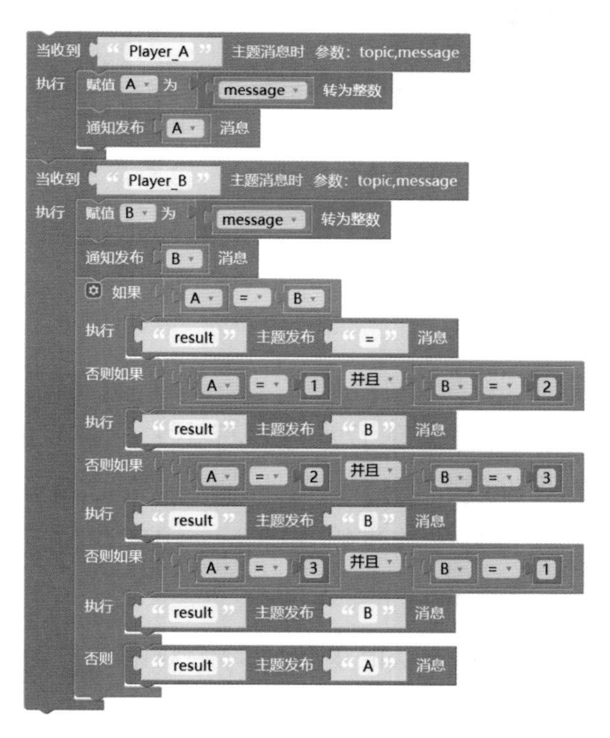

图18-7　MixIO平台逻辑视图程序

逻辑视图中的程序编写完成后，要启动该程序，才会进入工作状态，如图18-8所示。

```
1 var A, B, message;
2
3
4 MixIO.onMessage(function(topic,message){
5     if(topic === 'Player_A'){
6   A = parseInt(message);
7
8
9 }})
```

图18-8　启动逻辑视图中的程序

我们要将逻辑视图中的程序也想象成一个设备，它也在跟物联网云平台进行通信，玩家A、玩家B、逻辑视图之间的关系如图18-9所示。

图18-9　逻辑视图在MQTT协议中的作用

18.6　拓展任务

在本课的任务中，我们实现了剪刀·石头·布游戏的远程玩法。现在，我们将进一步提升游戏难度，通过引入计分功能来增加竞争的趣味性。你的任务是在云端剪刀·石头·布游戏的基础上，实现两位玩家的计分功能，并通过多轮游戏来决定最终胜负。

设计计分机制：设计程序以记录每一局游戏的获胜方，计算两位玩家在多轮游戏中的获胜次数。

设置多轮比赛：设定游戏为3轮或更多轮的对决，每轮结束后记录分数。

判断最终胜负：在规定轮数的游戏结束后，根据获胜次数自动判断并公布最终胜负。

18.7　交流思考

在完成了剪刀・石头・布游戏的云端判断后，我们不难发现物联网云平台不仅具有数据展示和远程控制的能力，它还能够进行判断。这一发现启发我们去探索物联网技术在其他应用场景中的类似功能。请你进行一些研究，探索物联网云平台在其他领域中进行判断的具体例子。

智能家居：探索物联网云平台如何在智能家居系统中自动调节设备，如温度控制、安全监控等。

环境监测：研究在环境监测中，如何利用物联网云平台判断空气质量、水质等，并做出相应的处理建议。

医疗保健：查找物联网云平台在医疗保健领域的应用，如远程监测病人健康状况并做出预警。

农业管理：调查物联网云平台如何帮助农业管理，例如自动判断作物生长状况、控制灌溉和施肥。

18.8　知识拓展

智能交通中的判断与执行

智能交通系统（见图18-10）是基于物联网技术的一种创新应用，它不仅仅是简单地实现远程控制和数据上报，更重要的是能够进行智能判断与执行。智能交通系统通过收集大量的交通数据，如交通流量、车速、道路状况等，然后利用先进的数据处理和分析算法进行智能化决策，以优化交通流动和提升整个交通系统的效率。

智能交通系统能够实时地判断各种交通情况。通过对交通数据的深入分析，它可以准确地判断道路拥堵、交通事故、车辆故障等情况，并及时做出应对措施。例如，当监测到某个路段拥堵时，系统可以自动调整交通信号灯的时序，以缓解交通阻塞；在发现车辆故障时，系统可以迅速通知交通管理部门进行救援。智能交通系统还能根据实时情况做出智能执行。例如，在紧急情况下，如突发交通事故，系统可以自动触发紧急应急措施，通过调整周围交通信号灯、引导车辆绕行等方式，快速疏导交通，保障交通安全和畅通。

这种智能化的判断与执行使智能交通系统具备了更高的自主性和适应性。它可以根据实时交通情况做出最优决策，从而实现智能交通管控，提高交通效率，减少交通拥堵，降低事故发生率，为城市居民带来更加便捷和安全的出行体验。

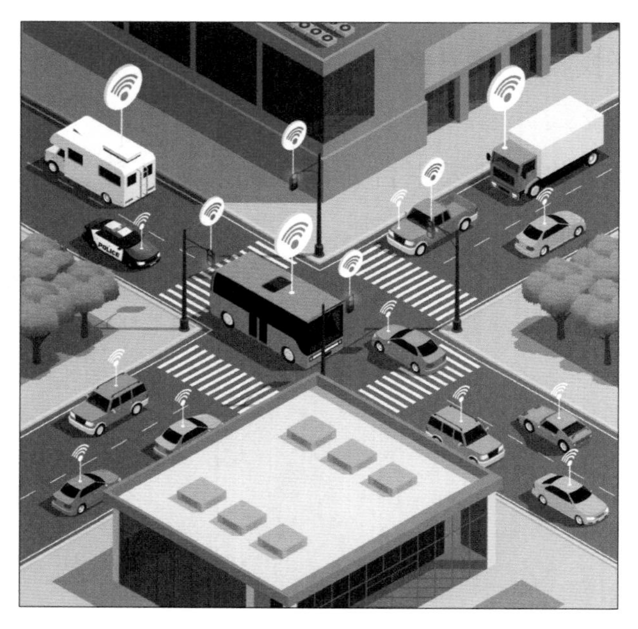

图18-10　城市中的智能交通系统

第五单元　物联网进阶

在本单元中，我们将进一步深入物联网的世界，探索更多创意应用和高阶项目。物联网已经成为现代科技领域中的一颗明星，智能化设备的互联互通，让我们的生活变得更加智慧和便捷。

在本单元中，我们将进入一个充满想象力和创意的领域。我们将学习利用物联网技术，打造校际气象站，实时了解不同地区的天气变化，对比不同地区的气象情况；探索不同颜色物体对阳光的吸收程度，了解阳光的神奇之处；设计智能停车场，让停车场更加高效和智能；另外，我们还将设计食堂噪声监测系统，让用餐环境更加宜人；最后，我们将设计一个家庭智能灯光系统，让家中的灯光控制更随心。

第 19 课　校际气象站

我们国家幅员辽阔，跨纬度较广，不同地区距海洋远近不同，加之地势高低不同，因此气候多种多样，天气状况相差甚远。为了探究不同地区的气象差异，我们可以与远方的学校结对，共同开发一个校际气象站。想象一下，每个学校都有自己的气象观测设备，这些设备通过网络连接，将采集到的气象数据发送到一个中央平台。这样，我们就能够比较不同学校的气象数据，了解各地的天气情况，并进行数据分析和可视化展示。

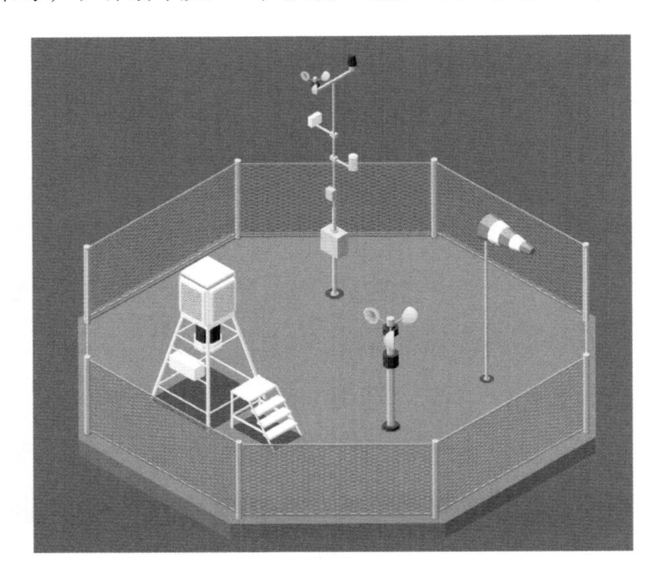

在这一课中，我们将共同开展这一富有教育意义和科学探索性的气象项目，深化对我国气候多样性的理解。

19.1　学习目标

- 了解并能应用 MixGo ME 开发板的扩展板，通过扩展板读取温度、湿度、气压等气象数据；
- 了解地球的经/纬度，能将监测到的气象数据与经/纬度一起发布到 MixIO 平台，完成气象地图；
- 能采集较长时间的气象数据，并对数据进行初步分析，发现气象数据的普遍规律。

19.2　发布任务

在这一课中，我们将建设一个覆盖多所学校的校际气象站。我们的目标是收集并汇总来自各个参与学校的气象数据，然后将这些数据统一展示在物联网云平台上。这些数据不仅能让我们对不同地区的天气状况有直观的了解，还能帮助我们研究气象规律。

19.3　知识学习

1. 认识ME G1扩展板

ME G1扩展板是一块搭载了多种传感器的扩展板，如图19-1所示，带有RFID射频识别模块、温/湿度传感器、气压传感器、旋钮。

ME G1扩展板与MixGo ME开发板需要使用螺丝进行连接，安装好后就可以使用了。

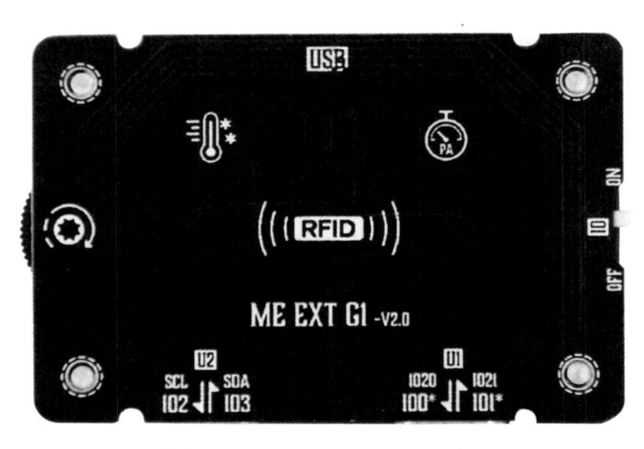

图19-1　ME G1扩展板

2. 经/纬度

经/纬度由经度与纬度组成，是一种利用三维空间的球面来定义地球上的空间的球面坐标系统，能够表示地球上的任何一个位置。

19.4　编程思路

在本任务中，为了能在地图上显示气象数据，发布的消息中需要包含经/纬度，流程如图19-2所示。

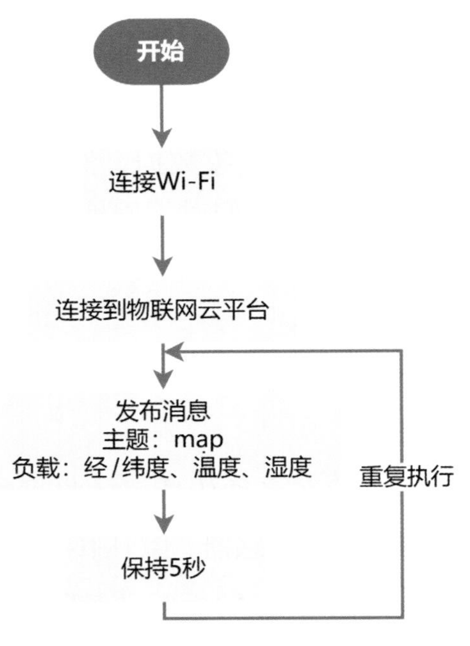

图 19-2　校际气象站流程

19.5　平台设置

在MixIO平台创建一个项目，并在该项目中添加数据地图组件，设置组件信息，如图19-3所示。

图 19-3　添加数据地图组件

添加数据地图后，在该组件中可以查看城市、小区、学校等地点的坐标，如图19-4所示，某校的坐标为经度120.6151，纬度30.3775。

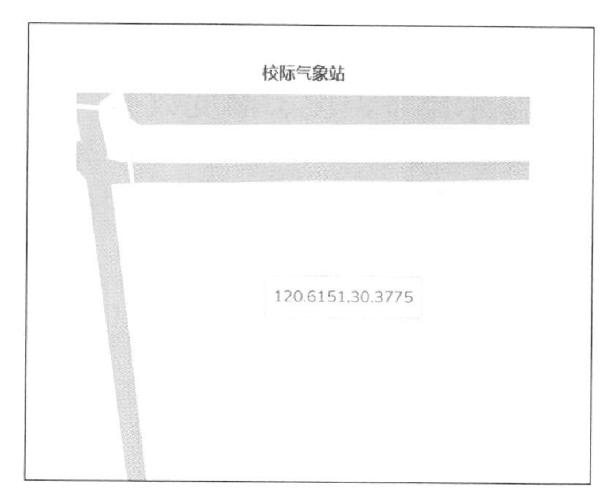

图 19-4　在 MixIO 平台看到的地图信息

19.6　编程实现

1. 认识程序块

（1）获取温/湿度

该程序块用于获取空气中的温度、湿度，温度和湿度是两个气象要素。

（2）格式化位置信息

将经/纬度等需要发送的信息进行打包，便于将多个内容一起发送。

2. 编写程序

经过前面的学习，我们对 MQTT 协议有了一定的了解。在“家中冷暖我知道”案例中，发送的消息是一个简单的温度值。为了能将气象信息呈现在地图上，我们还需要加上经/纬度信息，程序如图 19-5 所示。

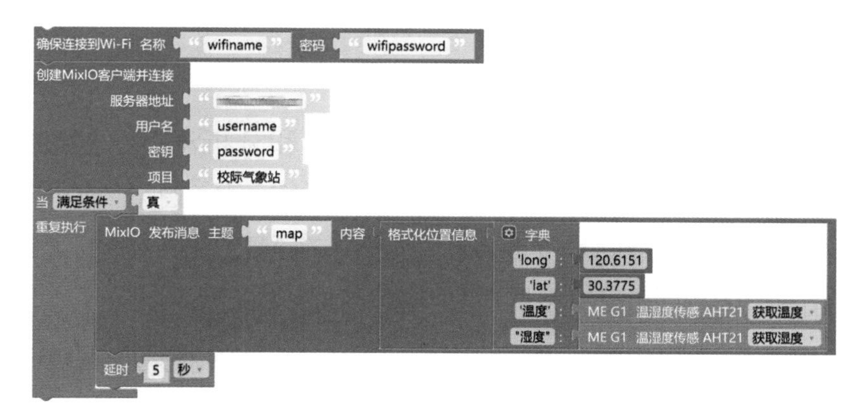

图 19-5　校际气象站的程序

程序运行后，我们可以在本项目的数据地图组件中看到该校所在地多了一个标签，并在该标签中显示出了温度、湿度数据，如图19-6所示。

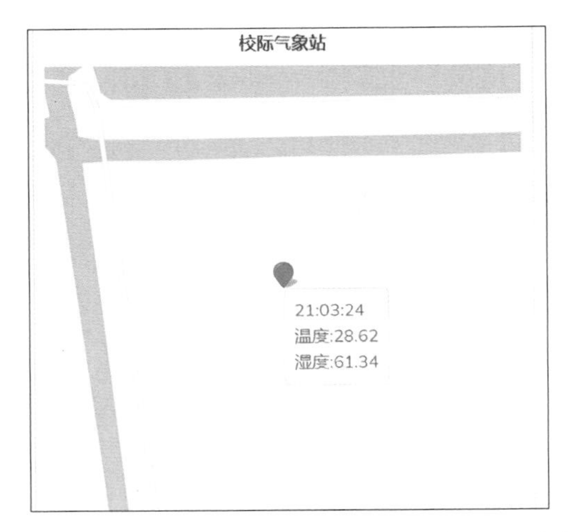

图19-6　在数据地图组件上显示温度、湿度数据

可以使用同样的方法将其他学校的气象数据上传到MixIO平台。如果想要让两个学校的数据都显示在同一个项目的同一个地图中，请你思考，程序中哪些参数不能修改，哪些参数需要修改？

19.7 拓展任务

在校际气象站项目中，我们学习了如何收集和分析温度、湿度数据。为了进一步丰富气象站项目，我们的下一个任务是集成气压数据。气压也是气象要素，它可以帮助我们更全面地了解天气状况。在ME G1扩展板上也搭载了气压传感器，请你给校际气象站添加气压数据，提示如下。

气压数据收集：利用ME G1扩展板上的气压传感器来收集气压数据。

数据上传与整合：将收集到的气压数据与温度、湿度数据一起上传到校际气象站的数据平台。

数据分析与应用：分析气压数据与温度、湿度数据之间的关系，探索它们如何共同影响天气。

合作与共享：与其他学校共享气压数据，比较不同地区的气压变化趋势。

19.8 交流思考

通过校际气象站项目，我们已经成功收集了来自多个学校的丰富的气象数据。通过这些数据，我们不仅能够观察和比较不同地区的气象状况，还能深入研究和发现气候变化的规律，讨论和研究建议如下。

数据比较与分析：比较不同地区的气象数据，包括温度、湿度、气压、风速和风向等；探讨这些气象数据如何受到地理位置（如海拔、纬度、接近海洋的程度）的影响。

气候模式的探索：分析长期的气象数据，尝试识别特定地区的气候模式或趋势，如季节性变化、极端天气事件的频率等；讨论如何利用这些信息来预测未来的气象变化。

环境影响的考察：探索人类活动对当地气候的可能影响，例如城市热岛效应；讨论气候变化和环境保护的相关话题，如全球变暖对当地气候的影响。

科学发现的分享：通过课堂讨论或学校活动，分享从数据中发现的有趣或重要的气候规律，增强学习和与其他同学的交流。

19.9 知识拓展

1. 自动气象站

在以前，气象数据的采集主要依靠人工，需要气象工作人员每隔一定时间从百叶箱中读取数据并做好记录。随着技术的发展，越来越多的气象站实现了数据的自动采集与传输。

自动气象站（见图19-7）能够对风速、风向、雨量、空气温度、空气湿度、光照强度、土壤温度、土壤湿度、蒸发量等十几个气象要素进行全天候现场监测，还能将数据传输到气象数据库中，用于统计分析和处理。

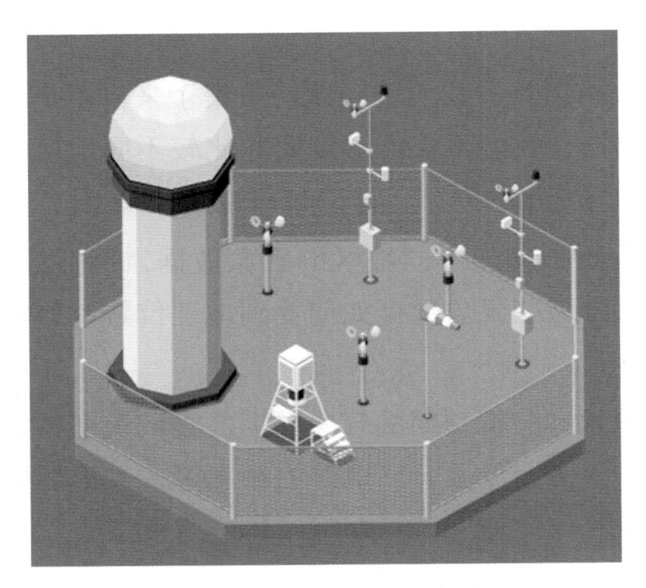

图19-7　模拟自动气象站

2. 物联网与边缘计算

在物联网系统中，大量的传感器不断采集数据，若直接将所有数据发送至云端，巨大的网络流量将造成传输延迟，同时给云端带来重大的存储和计算压力。边缘计算的应用正是为了解决这一问题。它将数据处理、存储和应用推移到物联网设备的边缘，使数据能在靠近数据源的地方进行实时处理和分析，从而显著降低数据传输量和延迟，提高处理效率。例如，在一个基于物联网的气象站中，为了提高测量的准确性，每个监测点可能装备多个温度传感器。如果有10个传感器同时工作，每个传感器每秒采集10次温度值，将这些数据直接发送到云端，每秒会产生100条数据。应用边缘计算后，可以先在本地处理这些数据，例如剔除异常值、计算平均值，然后每隔1分钟向云端上报汇总数据，这样有效减轻了云端处理负担。

第 20 课　智能停车场

在现代城市中，随着车辆数量的增长，停车成了一个日益突出的问题。但是，科技的进步为我们提供了解决方案——智能停车场。智能停车场能够利用传感器、网络连接和数据分析技术，实现对可用车位的实时监测和导航，同时提供移动支付、电子收据和数据管理等智能服务，显著改善停车体验。在本课中，我们将探索如何运用物联网技术来构建一个高效、便捷的智能停车场，体验科技带来的改变！

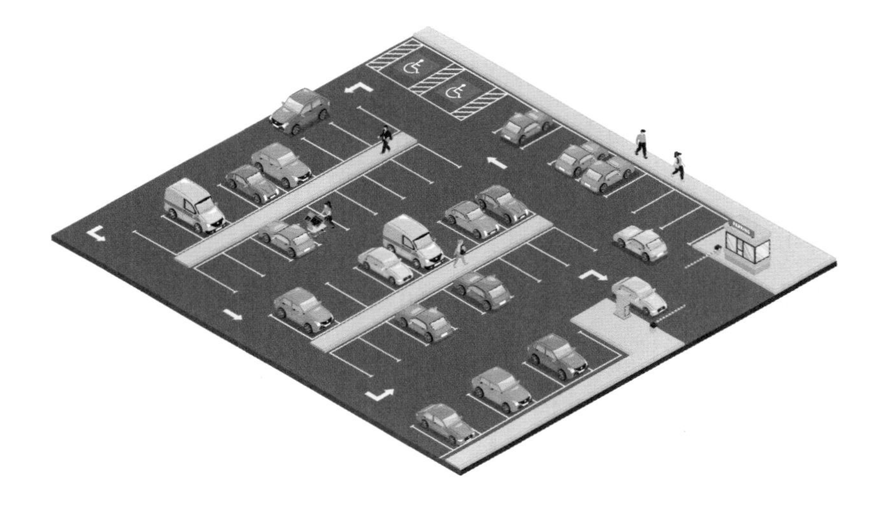

20.1　学习目标

- 了解RFID技术，能根据电子标签识别不同的物体（车辆）；
- 能分析较复杂物联网应用中的工作逻辑。

20.2　发布任务

很多时候，我们开车进入一个停车场寻找车位，绕了半天结果发现停车场内已经没有空余车位了。如果能在停车场入口提示停车场内的剩余车位数量，就可以为我们节约很多时间。在这一课中，我们将设计一个智能停车场，实现自动统计车位余量。

20.3 知识学习

车辆识别技术

为了“记住”不同的车辆，停车场需要对进出车辆进行识别，你认为可以从哪些方面去分辨两辆不同的车？

常见的车辆识别技术有图像识别技术和RFID技术。

图像识别技术：利用计算机视觉和图像处理技术，通过摄像头拍摄车辆的车牌，然后利用算法对车牌图像进行分析和识别，实现对车辆的识别。这种技术可以用于车辆的进出口控制、车位管理和车辆追踪等方面。

RFID技术：RFID（Radio Frequency Identification，射频识别）是一种无线识别技术，通过在车身或车牌上安装RFID卡，停车场的读取器可以识别和获取车辆的信息，包括车辆的标识、进出时间等。这种技术具有快速、不需要线性视野和抗干扰等优势，常用于无人停车场的管理。

这些车辆识别技术在停车场中起着关键的作用，可以实现车辆进出的自动化管理，提高停车效率和安全性。随着科技的不断发展，未来还会有更多创新的车辆识别技术应用于停车场管理中，为用户提供更便捷的停车体验。

20.4 编程思路

在本任务中，我们将用RFID技术来统计进出车辆。当车辆驶入停车场时，RFID读取器对车辆读卡，如果该车是第一次进停车场，则列表“已停车辆”中应该无该车的记录，在列表中添加记录；如果该车是刷卡出停车场，列表中应该已经有记录，则删除记录。而列表长度就是已经停车的数量，经过计算，就可以得出空余车位的数量。

根据以上描述，请你完善图20-1所示的流程。

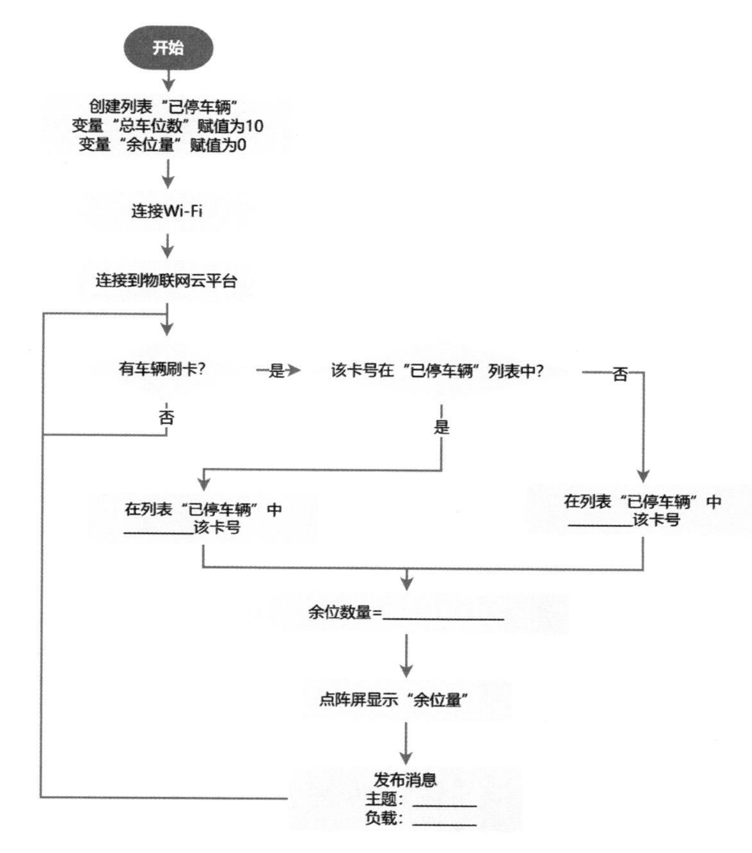

图20-1　智能停车场流程

20.5　编程实现

1. 认识程序块

（1）RFID读卡 RFID读卡 读取卡号

RFID读卡程序块在ME G1类别中，是ME G1扩展板所具有的功能。每一张RFID卡都具有唯一的卡号，通过读取其卡号可以识别不同的车辆。

（2）列表

在Python中，列表（list）是一种常用的数据结构，用于存储一系列有序的元素。列表是可变的，意味着可以随时修改、添加或删除其中的元素。列表的元素可以是不同类型的数据，例如整数、浮点数、字符串等。

列表中的每个元素都有一个索引，用于访问和修改元素。索引从0开始，表示第1个元素，依次递增。例如，要访问列表中的第1个元素，可以使用索引0。

列表还提供了许多内置的方法和函数，用于操作和处理列表。一些常用的操作包括添加元素、插入元素、删除元素、修改元素、排序、切片、获取长度等。

列表是一种非常灵活和常用的数据结构，适用于存储和处理各种类型的数据。通过列表，我们可以轻松地组织和操作数据，实现各种编程任务。

2. 编写程序

（1）识别并记录车辆

根据前面的编程思路，编写图20-2所示的程序，其中部分程序空缺，请你补充完整。

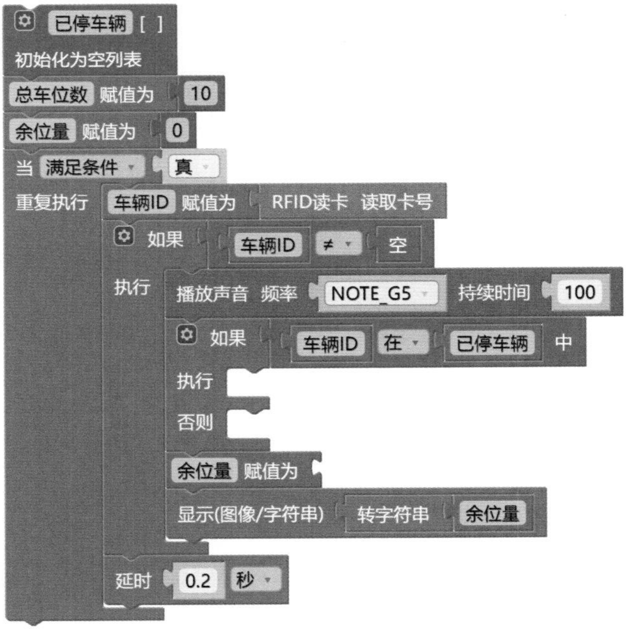

```
已停车辆 [ ]
初始化为空列表
总车位数 赋值为 10
余位量 赋值为 0
当 满足条件 真
重复执行 车辆ID 赋值为 RFID读卡 读取卡号
    如果 车辆ID ≠ 空
    执行 播放声音 频率 NOTE_G5 持续时间 100
        如果 车辆ID 在 已停车辆 中
        执行
        否则
        余位量 赋值为
        显示(图像/字符串) 转字符串 余位量
    延时 0.2 秒
```

图20-2　识别并记录车辆程序

程序编写完成后，请使用几辆装有RFID卡的小车进行测试，观察是否能正确显示停车场内空余车位的数量。

（2）上报MixIO平台

停车场的出入口统计出停车场内的空余车位后，我们需要将该数据发布到MixIO平台上，请你使用MixIO发布消息程序块将该停车场的余位数据发布上去，程序如图20-3所示。

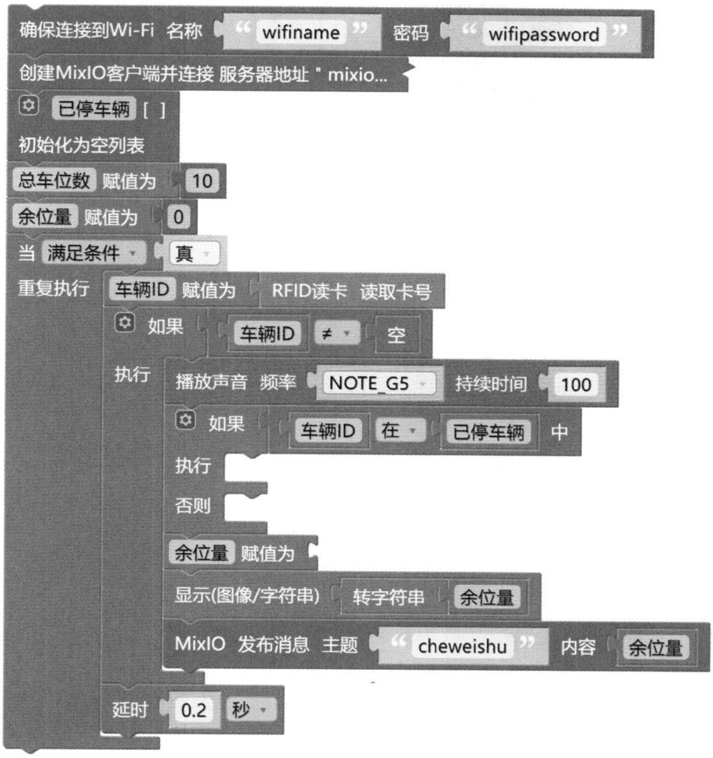

图20-3　上报物联网云平台程序

20.6　拓展任务

我们的智能停车场项目已经能够将空余车位数量实时上传到物联网云平台。为了进一步提升这一系统的实用性，我们将在出入口增加显示牌，实时展示停车场的空余车位数量（见图20-4），为用户提供更加便捷的信息服务。

设计显示系统：设计一个能够在出入口显示牌上实时展示停车场空余车位数量的系统。考虑如何有效地传输停车场数据至出入口显示系统。

实时数据同步：确保停车场的空余车位数量能够实时同步到出入口的显示牌上。使用物联网技术来确保数据的实时更新和准确传输。

图20-4　能统计空余车位数量的停车场

20.7　交流思考

尽管我们已经成功地实现了剩余车位数量的统计，但智能停车场的完善和优化仍面临许多挑战。这些挑战不仅涉及技术层面，还包括用户体验和系统效率等层面。让我们深入探讨智能停车场未来可能面临的问题，并思考可能的解决方案，填入表20-1中。

表20-1　智能停车场未来可能面临的问题和解决方案

可能面临的问题	解决方案

20.8　知识拓展

智慧停车场

智慧停车场是一种利用现代科技和智能化技术来提升停车场管理效率和用户体验的停车场系统。智慧停车场主要应用以下技术和系统。

传感技术和车位监测：智慧停车场使用各种传感技术，如地磁传感器、摄像头、激光雷达等，来实时监测车位的使用情况。这些传感器能够准确地监测车辆的进入和离开，从而提供准确的可用车位信息。

导航和引导系统：智慧停车场通常配备导航和引导系统，帮助用户快速找到可用的车位。这些系统可以通过智能手机应用程序、电子显示屏或指示牌，向用户提供实时的导航和指引，减少用户在停车场内寻找车位的时间。

移动支付和自动结算：智慧停车场允许用户使用移动支付方式完成停车费用的支付，例如手机支付或车载设备支付。此外，系统也可以自动识别车牌，实现无须人工干预的自动结算，提高停车场的管理效率。

预约功能：智慧停车场还会提供预约功能，让用户提前预约车位。这对于特定活动、高峰时段或繁忙地区非常有用，确保用户在需要时有可用的车位。

数据分析与优化：智慧停车场收集大量数据，如车流量、停留时间等。停车场管理者通过对这些数据进行分析，可以优化停车场设计、流量引导和收费策略，提升整体管理效率。

环境友好与节能：智慧停车场可以缓解车辆在寻找车位过程中引起的道路拥堵。此外，一些智慧停车场采用绿色能源、LED 照明等技术，提高能源利用效率，降低对环境的影响。

安全与监控：智慧停车场通常配备安全监控系统，包括摄像头和安全警报系统，确保停车场内安全，预防不法行为和车辆损坏。

多样化的服务：智慧停车场不仅提供车位，还可以结合其他服务，如电动车充电桩、无人停车服务、自助洗车等，为用户提供便利。

第 21 课　探究不同颜色物体对阳光的吸收程度

在日常生活中，我们会发现不同颜色的物体对阳光的反应各异。尤其显著的是，如果穿着深色衣服，在阳光下会感觉更热。这一现象背后的科学原理是什么呢？在这一课中，我们将使用物联网技术，通过实验，探究不同颜色物体对阳光吸收程度的差异，理解科学原理，并学习如何利用这一知识。

21.1　学习目标

- 培养读者借助物联网技术开展科学探究实验的意识和能力；
- 能利用 MixIO 平台的折线图表组件记录数据变化，并通过对比发现数据变化规律；
- 探讨颜色和材料如何影响物体对阳光的吸收，理解光热转换和颜色反射率等概念。

21.2　发布任务

在本课中，我们将利用物联网技术开展一个探究性实验，研究不同颜色物体对阳光吸收程度的差异。我们将使用MixGo ME开发板自带的温度传感器来监测不同颜色物体在阳光下的温度变化。

21.3　知识学习

控制变量法

控制变量法是一种科学的研究方法，它可以帮助我们准确地观察和比较不同因素对实验结果的影响。在本探究实验中，我们可以采用以下步骤探究不同颜色物体对阳光的吸收程度，并使用控制变量法确保实验结果的可靠性。

确定实验目标和假设：明确本实验要研究的问题和假设。本实验中，我们假设不同颜色的物体会对阳光的吸收产生不同的影响。

设计实验组和对照组：确定实验组和对照组。实验组是进行操作或发生变化的组，而对照组是用于对比的基准组。在这个实验中，我们可以选择不同颜色的物体作为实验组，并设定一种标准颜色（例如白色）的物体作为对照组。

控制变量：识别并控制其他可能影响实验结果的变量。在这个实验中，我们需要控制以下变量。

① 光照条件：确保所有物体都处在相同的光照条件下。

② 大小和形状：选择相同大小和形状的物体，以消除其对实验结果的影响。

③ 材料和质地：选择相同材料和质地的物体，以消除材料属性对实验结果的影响。

④ 测量和记录数据：使用MixGo ME开发板测量每种颜色的物体在相同时间段内的温度变化，确保在每次测量时保持其他条件相同。

分析数据：收集实验数据并进行分析。绘制对比图表，比较不同颜色物体的温度变化情况。

得出结论：根据实验分析，得出不同颜色物体对阳光吸收程度的结论，讨论结论是否支持你的假设，并解释实验中的观察结果。

21.4 实验过程

① 使用绿色、白色、黑色、红色纸张，制作4个相同尺寸的纸袋，如图21-1所示。

图21-1 不同颜色的纸袋

② 将4块MixGo ME开发板装入4个纸袋中，然后一起放在阳光下，如图21-2所示，开发板会将4个纸袋中的温度数据上传到MixIO平台。

图21-2 将MixGO ME开发板装入不同颜色的纸袋并放在阳光下

③ 经过一定时间的照晒，我们将通过MixIO平台得到温度变化折线。

21.5　平台设置

在MixIO平台中添加4个折线图表组件，第1个组件的主题设置为black，名称为“黑色”；第2个组件的主题设置为red，名称为“红色”；第3个组件的主题设置为white，名称为“白色”；第4个组件的主题设置为green，名称为“绿色”。这4个折线图表组件用于接收来自4块开发板的数据，并根据数据绘制温度变化折线，如图21-3所示。

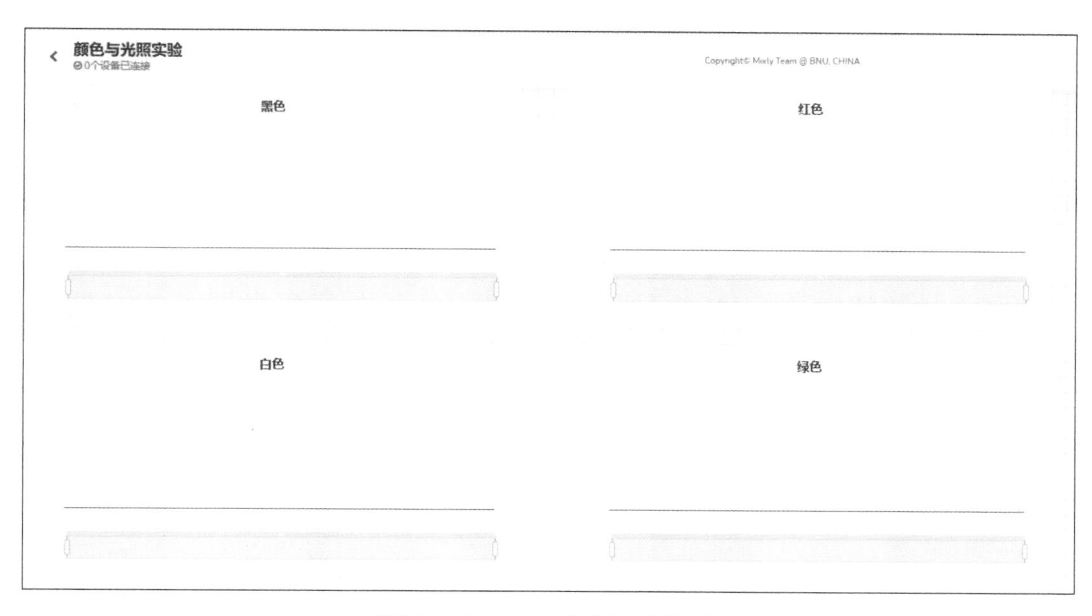

图21-3　4个折线图表组件

21.6　编程实现

1. 编写程序

给各个颜色纸袋中的MixGo ME开发板编写不同的程序，将温度数据发布到不同的主题。比如放在黑色纸袋里的开发板将温度数据发布到主题black，程序如图21-4所示。

图21-4　黑色纸袋中开发板的程序

使用同样的方法给其他几块开发板编写程序，使其能将温度数据上传到对应的主题。

2. 实验结果

经过5分钟的实验，MixIO平台上生成了4条温度变化折线，如图21-5所示。

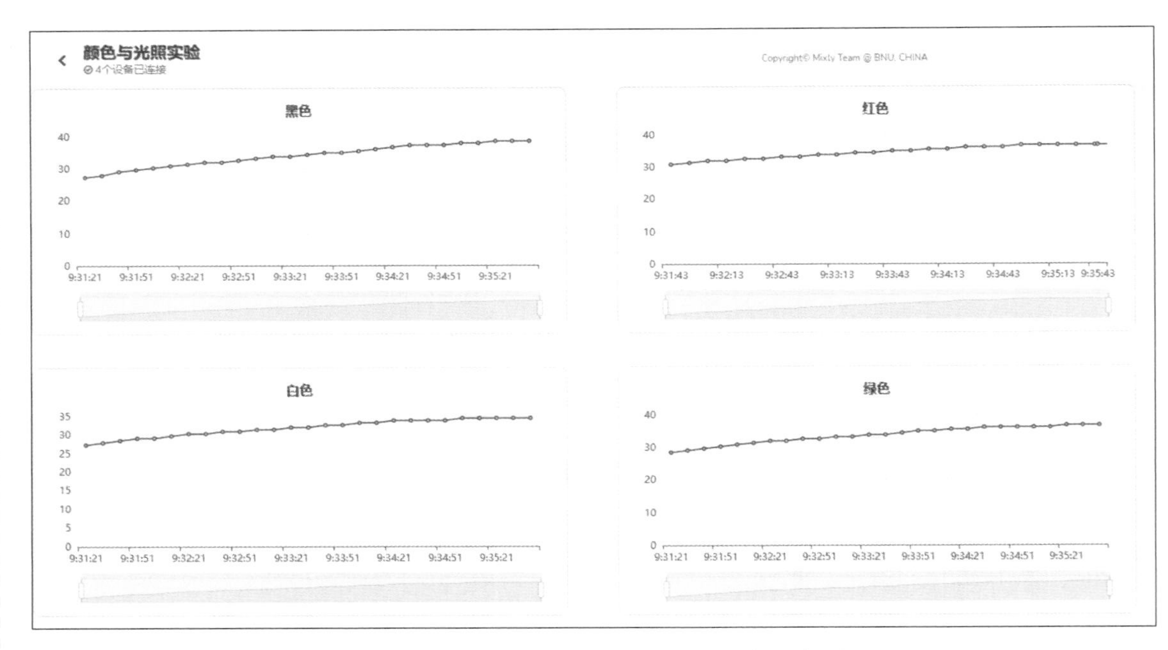

图21-5　折线图表组件显示温度变化折线

请你根据上面的实验结果，跟同伴讨论下列问题。

① 温度上升最快的是什么颜色的纸袋？

② 温度上升最慢的是什么颜色的纸袋？

③ 从其他两种颜色纸袋对应的温度变化折线中，你可以得到什么结论？

④ 根据这个实验，你可以得出什么结论？

3. 分析数据

为了更好地研究MixIO平台收集到的数据，我们可以将数据下载到本地，如图21-6所示。

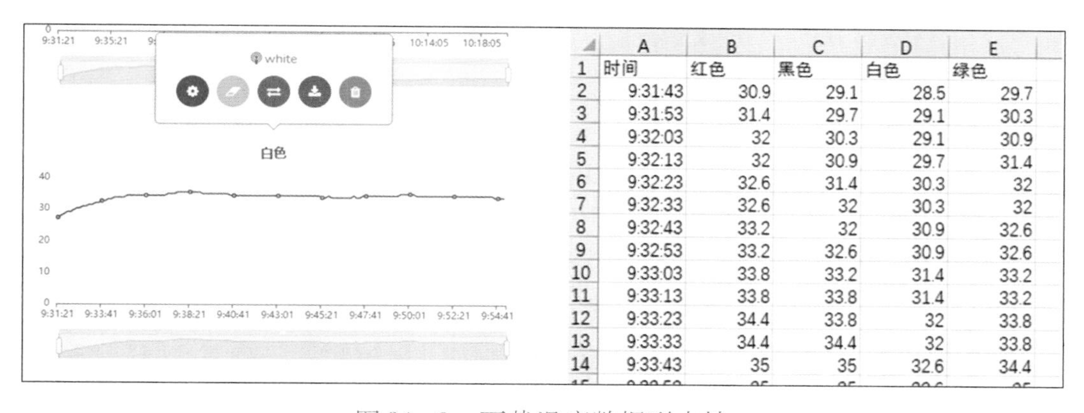

	A	B	C	D	E
1	时间	红色	黑色	白色	绿色
2	9:31:43	30.9	29.1	28.5	29.7
3	9:31:53	31.4	29.7	29.1	30.3
4	9:32:03	32	30.3	29.1	30.9
5	9:32:13	32	30.9	29.7	31.4
6	9:32:23	32.6	31.4	30.3	32
7	9:32:33	32.6	32	30.3	32
8	9:32:43	33.2	32	30.9	32.6
9	9:32:53	33.2	32.6	30.9	32.6
10	9:33:03	33.8	33.2	31.4	33.2
11	9:33:13	33.8	33.8	31.4	33.2
12	9:33:23	34.4	33.8	32	33.8
13	9:33:33	34.4	34.4	32	33.8
14	9:33:43	35	35	32.6	34.4

图 21-6　下载温度数据到本地

请你尝试使用电子表格软件，在同一张图表中绘制出4种颜色纸袋的温度变化折线。

21.7　拓展任务

请你尝试运用该实验装置研究其他问题，并填写表21-1。

表21-1　实验记录表

研究主题	
要研究的量	
要控制的量	
实验假设	
实验现象	
实验结论	

21.8　交流思考

通过实验，我们会发现不同颜色的物体对阳光的吸收程度确实不同。这一发现不仅具有科学意义，而且在我们的日常生活和生产中也有广泛的应用。请你与同学一起讨论这个规律在不同领域的应用。

建筑与设计：探讨如何根据颜色的热吸收特性选择建筑材料和设计外观，特别是在热带和寒带地区。

服装行业：讨论不同颜色服装的选择如何受到季节和气候的影响，例如夏季选择浅色服装来减少热量的吸收。

能源应用：探索颜色在太阳能技术中的应用，比如深色的太阳能板吸收阳光的效率高。

环境影响：分析城市中不同颜色的建筑和地面的布局对城市温度的影响，如热岛效应。

21.9　知识拓展

太阳光中的能量

通过本课的学习，我们可以得出结论，黑色物体会吸收更多的太阳光，而白色的物体则会吸收较少的太阳光。这背后，其实与太阳光的波长有密切关系。

太阳光是一种电磁辐射，包括可见光、紫外线和红外线等不同波长的光波，其中波长较短的光具有较高的能量，而波长较长的光则具有较低的能量。紫外线波长较短，具有较高的能量；可见光波长较长，能量适中，可被人眼所感知；红外线波长更长，能量较低。

在太阳光下，一个白色物体之所以呈现出白色，是因为它会反射所有的可见光，这些反射的光经过混合后，就会形成我们所感知到的白色。而黑色物体吸收了大部分光，因此在太阳光下看起来是黑色的。

第 22 课　食堂噪声监测系统

学校食堂是学生们共同用餐的场所，维持安静的就餐环境对于保障良好的用餐体验至关重要。然而，食堂中有时会有个别学生吵闹，影响其他同学的用餐体验。为了提高同学们的用餐素养并及时提醒吵闹的班级，我们来设计一个食堂噪声监测系统，实时监测食堂的噪声水平，并通过物联网技术将数据传输至监测平台，以便采取相应的行动。让我们一起学习如何通过科技手段维护安静的用餐环境！

22.1　学习目标

- 能利用多块 MixGo ME 开发板搭建物联网系统；
- 理解在同一个项目中通过多主题订阅实现数据共享的方法；
- 理解通过提高采样频率来提高数据准确性的方法。

22.2　发布任务

设计一套可以监测每个班级就餐噪声的系统，该系统分成监测端和显示端。监测端安装在每个班级的就餐区，用于采集该班学生的声音，并及时将噪声值发送到物联网云平台。而显示端通过订阅各个班级的消息，可以查看各班的噪声情况。

22.3　知识学习

多主题订阅

多主题订阅是指一个MQTT客户端可以同时订阅多个主题，节省带宽，提高消息传递效率。

22.4　编程思路

用3块开发板分别采集3个班级的食堂就餐噪声值，并将噪声值上传到物联网云平台。设置班级1使用主题class1，班级2使用主题class2……以此类推，如图22-1所示。当噪声值超过阈值时，发布消息为1；不超过时，发布消息为0。显示端需要订阅每个班级的主题，当接收到班级1的消息为1时，点阵屏的第1盏灯亮，否则熄灭；当接收到班级2的消息为1时，点阵屏的第2盏灯亮，否则熄灭……以此类推。

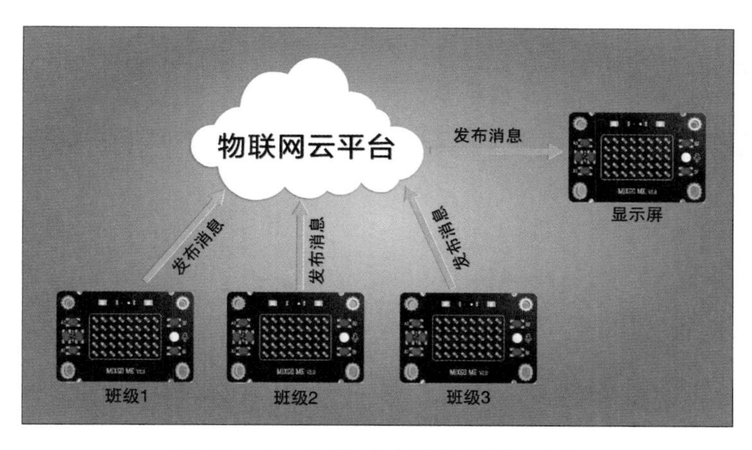

图22-1　食堂噪声监测系统示意

22.5　编程实现

编写程序

（1）班级噪声值采集

每个班级的噪声值可以通过声音传感器来采集，当噪声值超过阈值（如

20000）时，开发板向MixIO平台发布的消息为1；如果小于阈值，开发板向MixIO平台发布的消息为0，程序如图22-2所示。

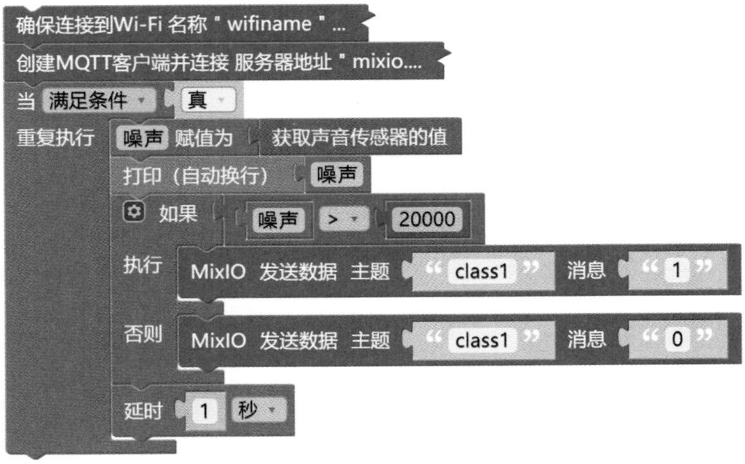

图22-2　班级1噪声值采集程序

以上是班级1的噪声值采集程序，请你自己编写班级2、班级3的噪声值采集程序并上传到开发板。

（2）显示端订阅消息并显示

显示端需要订阅每个班级的主题，并根据班级数量创建对应的回调函数。在回调函数中，根据msg的值，设置对应的灯的亮灭，程序如图22-3所示。

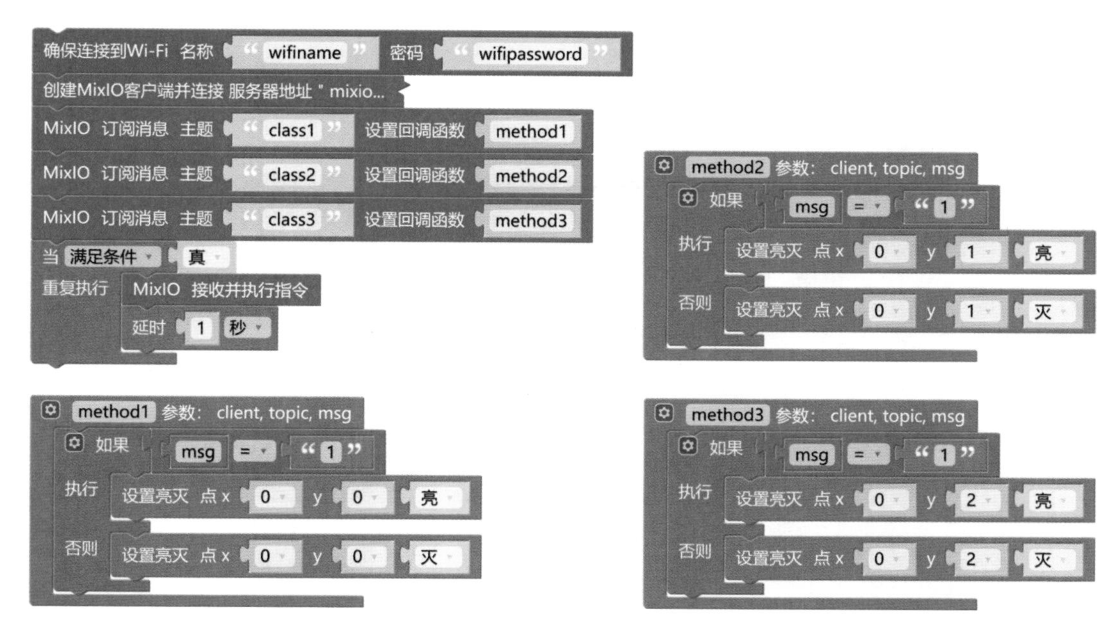

图 22-3　显示端订阅消息并显示程序

（3）程序的测试与优化

使用一块开发板作为显示端，3块开发板作为监测端，上传对应的程序，并进行测试。在每个监测端附近制造一些噪声，然后观察显示端的反应，是不是会发现一些问题？请你描述发现的问题，并对这些问题进行分析，再提出解决策略，填入表22-1中。

表22-1　噪声监测系统的问题和解决策略

问题	分析原因	解决策略

比如，有位同学发现有时候噪声监测端的噪声已经很大，但是在显示端并没有亮灯。分析原因后发现，监测到的噪声值时高时低。而监测端如果每隔1秒监测1次，可能存在监测的时刻噪声刚好比较低，导致显示端的亮灯不准确。

为了解决这个问题，我们可以增加噪声采样频率。把采样频率从1秒1次增加到1秒100次，然后计算噪声值的平均值，而发布消息还是1秒1次，这样就可以使监测到的噪声值更具代表性，程序如图22-4所示。

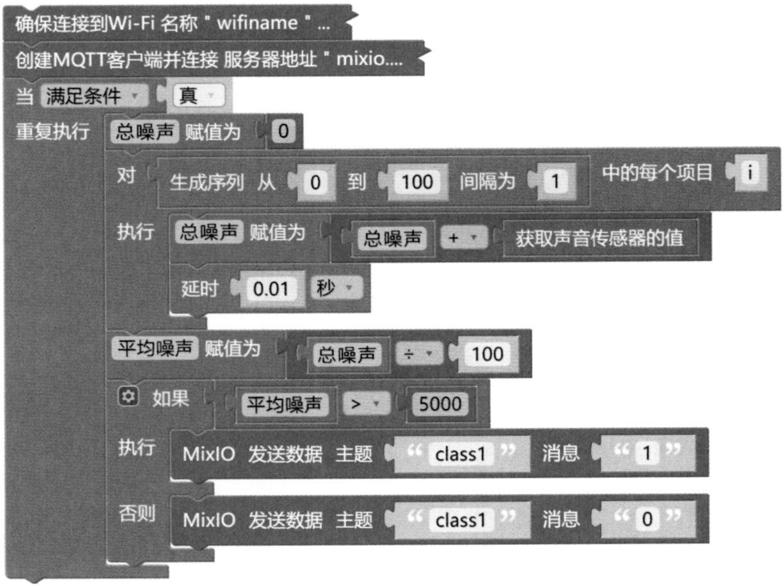

图22-4 优化后的班级1噪声值采集程序

修改监测端程序后，请你再测试一下该系统的灵敏性。

22.6 拓展任务

请你也用类似的方法，发现并解决该系统的一个问题。

22.7 交流思考

在食堂噪声监测系统中，我们采用了多次采样取平均值的方法来提高测量精度。这种方法不仅适用于噪声测量，还广泛应用于日常生活中的许多场景。让我们一起探讨这种方法在其他领域的应用，并了解其如何帮助我们获得更准确的测量结果。

气象观测：探讨如何使用多次采样取平均值的方法来提高温度、湿度等气象数据的准确性。

健康监测：讨论在血压和血糖监测中如何应用此方法，减小单次测量的误差，获取更稳定的健康数据。

质量控制：分析在工业生产过程中，如何通过这种方法来确保产品质量的一致性和精确性。

科学研究：探讨在科学实验中，尤其是在需要高精确度的实验中，如何运用这种方法来提高数据的可靠性和准确性。

22.8　知识拓展

智能公厕系统

近些年，越来越多的商场、车站和机场开始采用智能公厕系统，这种系统采用现代科技，通过传感器技术、数据分析和自动化管理，为公共卫生设施注入新的活力。

（1）传感器技术的应用

智能公厕系统运用大量传感器技术，比如，通过公厕内的传感器，系统能够实时感知哪些坑位被占用，哪些是可用的，并将信息实时发布到门口的大屏幕上，从而为用户避免不必要的等待和尴尬。

（2）数据分析和优化

传感器将捕捉到的数据传送到物联网云平台，使管理者可以实时监控公厕的使用情况。基于这些数据，系统可以进行使用情况的分析和预测，以便更好地满足需求。例如，可以根据历史数据来判断哪些时间段的使用较频繁，然后调整清洁和维护的时间表，提高资源的利用效率。

（3）自动化管理和维护

智能公厕系统也实现了卫生管理的自动化。一旦某个坑位被使用，传感器将发送信号，触发自动冲洗和清洁程序，确保每个坑位都是洁净的。这不仅提高了卫生水平，还减轻了人工维护的工作负担。

（4）用户体验的提升

最重要的是，智能公厕系统提高了用户体验。用户不需要在寻找可用坑位上浪费时间，也不用担心公厕的卫生问题。系统通常还提供一系列便利功能，如无接触式自动开关门、纸巾和肥皂自动供应等，进一步提升用户的满意度。

第 23 课　家庭智能灯光系统

想象一下，当你步入家门，轻触一个按钮，家中的灯便瞬间点亮，营造出温馨舒适的氛围；当夜深人静时，再次轻按，灯光渐渐熄灭，让你在黑暗中进入甜美的梦乡。在本课中，我们将借助编程和物联网技术，设计一个家庭智能灯光系统。这个系统将实现灯光的智能控制，提高我们日常生活的便利性，让我们体验科技带来的美妙变革。让我们一起动手构建这个智能化、现代化的家庭灯光系统吧。

23.1　学习目标

- 理解无线广播的工作原理，了解无线广播在实际生活中的应用；
- 能通过编程实现近距离的无线通信。

23.2　发布任务

在本课中，我们将要模拟家庭中的灯光控制系统，使用可编程硬件，让家庭中的每一盏灯都具备接入物联网的能力，从而实现灵活多样的控制。

23.3 知识学习

1. 传统的一灯多控电路

传统的一灯多控电路是一种常见的家庭灯光控制系统，它允许在不同位置使用多个开关来控制同一盏灯的开关状态。比如，房间门口的开关和床头的开关都能控制同一盏房间灯，就是典型的一灯双控电路（见图23-1）的应用。这样的设计提高了家居生活的便捷性。

虽然传统的一灯多控电路简单可靠，但它有一些局限性。首先，由于需要用导线连接各个开关，安装和布线较为烦琐。其次，如果增加控制点位，需要重新布线，增加导线，不够灵活，无法实现远程控制和智能化控制。

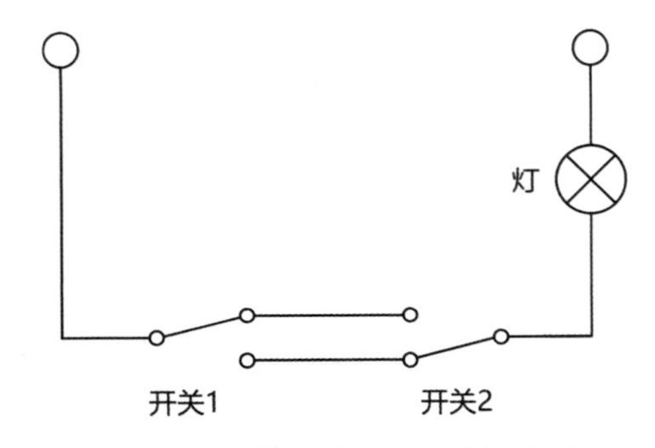

图23-1　传统的一灯双控电路

2. 智能家居中的一灯多控电路

智能家居中的一灯多控电路是一种创新且智能的家居灯光控制系统。相比传统的一灯多控电路，智能家居中的一灯多控电路利用物联网技术，实现了更加智能化、便捷化的灯光控制方式。它通过无线通信技术实现多个开关和灯的连接，无须布线，大大简化了安装过程，这意味着我们可以在家中的不同位置随意安装和增减开关。

23.4 编程思路

用两块开发板作为开关，用一块开发板作为房间灯。通过无线通信的方式，让开关1和开关2都可以控制房间灯的亮灭，如图23-2所示。

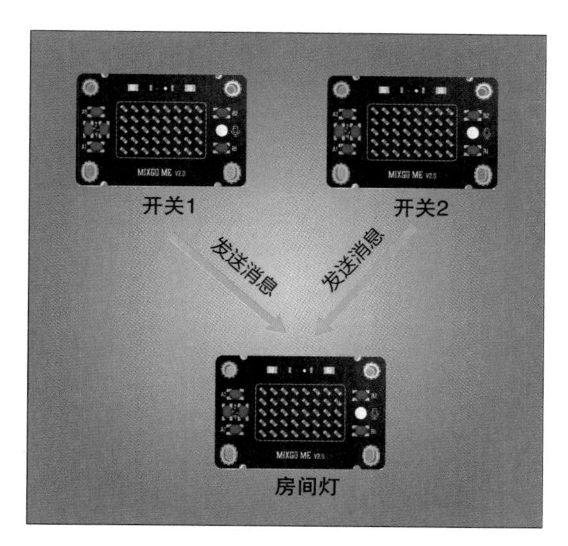

图 23-2　一灯多控示意

23.5　编程实现

1. 认识程序块

（1）设置无线广播频道

在使用无线广播通信前，需要设置设备的频道号，同一个频道号的设备可以互相通信。

（2）无线广播发送

利用该程序块可以向同一频道内的其他设备发送消息。

（3）当无线广播接收到特定消息

当设备接收到某个消息时，可以执行其内部的程序。

这 3 个程序块都在“通信”类别的“无线广播”中。

2. 编写程序

（1）开关程序

在家庭智能灯光系统中，开关作为控制消息的发送者，要先设置其无线广播频道号。然后当 A1 按钮被按下时，通过无线广播发送一个消息，程序如图 23-3 所示。

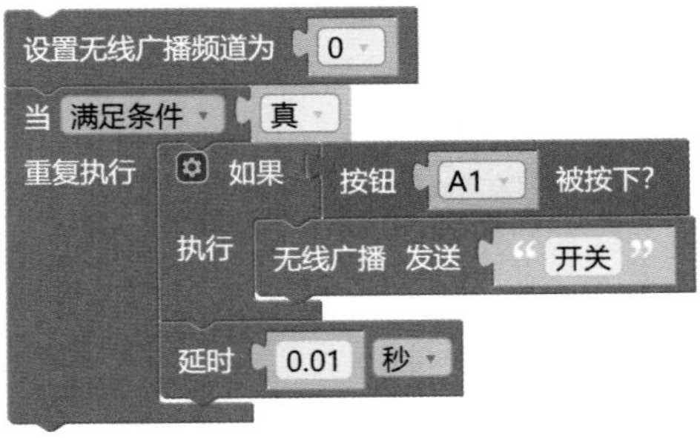

设置无线广播频道为 0
当 满足条件 真
重复执行 如果 按钮 A1 被按下?
执行 无线广播 发送 "开关"
延时 0.01 秒

图23-3 开关的程序

思考：在上面的程序中，当按钮被按下时，无线广播发送的消息为“开关”。那么只利用这一个消息，如何实现灯的开关状态的切换呢？

（2）房间灯程序

作为被控制的房间灯，当其收到消息时，要改变亮灭状态，程序如图23-4所示。

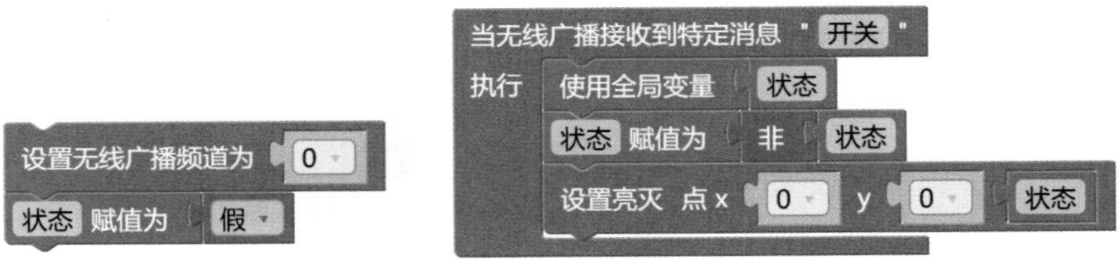

设置无线广播频道为 0
状态 赋值为 假

当无线广播接收到特定消息 "开关"
执行 使用全局变量 状态
状态 赋值为 非 状态
设置亮灭 点 x 0 y 0 状态

图23-4 房间灯的程序

给多个开关上传同样的程序。

23.6 拓展任务

在家庭智能灯光系统中使用的MixGo ME开发板上配备了多个按钮，本次拓展任务的目标是利用这些按钮实现更复杂的灯光控制。你需要设计一个程序，使每个按钮能够控制不同的灯或灯组合。

多按钮控制设置：使用按钮A1控制1号灯，按钮A2控制2号灯。设计程序，使按钮A3可以同时控制这两盏灯的亮灭。

灯光模式创新：尝试创造更多的灯光模式，如闪烁模式、渐变模式等，为每种模式分配一个特定的按钮或按钮组合。

23.7　交流思考

在家庭智能灯光系统中，物联网技术显著提升了灯光控制的便利性和智能化程度。然而，这种技术的应用也带来了一个重要的问题，如何利用物联网技术降低能耗、减少能源浪费？请你与同学一起讨论物联网技术在家庭节能中的潜在应用和策略，可以从以下方面展开。

智能灯光调节：讨论如何利用物联网技术自动调节家中灯光亮度，根据室内光线和使用习惯优化能源使用。

远程控制与自动化：探讨通过远程控制和自动化功能关闭不必要的灯，减少能源浪费。

能源消耗监测：分析如何使用物联网设备监测家庭能源消耗，及时发现并纠正能源浪费的行为。

节能意识提升：探讨如何通过物联网系统提升家庭成员的节能意识，例如通过应用程序展示能源消耗数据和节能建议。

23.8 知识拓展

物联网中的Mesh技术

我们在学校里一起玩游戏时，大家手拉手围成一个大圈，每个人都能和周围的小伙伴直接交流，可以快速传递信息，不需要找其他人帮忙传递。

Mesh技术有类似的特点，是一种特殊的网络技术。在Mesh网络中，每个设备都能和周围的设备直接通信。这样的网络结构非常灵活，如果有一个设备出了问题，不会影响其他设备之间的通信。就像我们玩游戏时，如果一个小朋友离开了，其他小朋友还能继续玩耍，是不是很方便呢？

Mesh技术在物联网和智能家居中非常有用，它让各种智能设备都能互相连接，变得更加方便。比如，智能家居里的灯、音箱等设备都可以用Mesh技术连接在一起，我们可以远程控制它们，实现更加智能化的家居生活。